科学家给孩子的

12 封信

拥抱无人机时代

樊邦奎 李云 著

中国大百科全书出版社

图书在版编目（CIP）数据

拥抱无人机时代 / 樊邦奎，李云著. -- 北京：中
国大百科全书出版社，2024.6
（科学家给孩子的12封信）
ISBN 978-7-5202-1481-0

Ⅰ．①拥… Ⅱ．①樊… ②李… Ⅲ．①无人驾驶飞机
－青少年读物 Ⅳ．①V279-49

中国国家版本馆CIP数据核字(2024)第024650号

拥抱无人机时代

出 版 人	刘祚臣
策 划 人	刘金双　朱菱艳
责任编辑	海艳娟　牛　昭
审　　稿	朱菱艳
插图绘制	蒋和平
设计制作	张倩倩
责任印制	邹景峰

出版发行	中国大百科全书出版社有限公司
	（北京市阜成门北大街17号　邮编：100037　电话：010-88390759）
印　刷	河北鑫玉鸿程印刷有限公司
开　本	880mm×1230mm　1/32　印　张　6.5
版　次	2024年6月第1版　印　次　2024年11月第2次印刷
字　数	121千　书　号　ISBN 978-7-5202-1481-0
定　价	35.00元

当你仰望湛蓝的天空

看见飞鸟在自由翱翔

掠过田野、溪流、山冈……

心中是否会激起飞翔的梦想

当你走过绚丽的花海

看见蜂蝶在翩翩起舞

掠过桃花、杏花、丁香……

耳边是否会涌现飞翔的乐章

当你看到神奇的无人机

她就像飞鸟和蜂蝶一样在飞翔

曾经飞越硝烟弥漫的战场

饱尝血与火的历史沧桑……

今天，她正在开拓新的应用方向

带着梦想与乐章飞向远方

谱写优美诗篇的激情回荡

不断带来魅力无限的希望……

目 录

飞机的
前世今生

· 从莱特兄弟谈起

· 飞机飞行三要素

· 飞机是如何飞起来的

说到无人机，想必你不会陌生。在战场搏杀、物流运输、农业植保、公安执法、应急救援、影视拍摄等许多领域，我们经常看到它的身影。无人机是没有人驾驶、却可以接受人的操控飞行的航空器。它可以执行多种任务，将发展成为"空中机器人"。事实上，无人机与有人驾驶飞机的飞行原理基本上是一样的。为此，我们先来回顾一下人类飞行发展的概况，再逐步揭开飞机飞起来的奥秘。

从莱特兄弟谈起

飞机是人类历史上最伟大的发明之一，给经济社会发展带来了深远的影响。也许你经常能看到飞机在空中穿梭，也许你还时常乘坐飞机出行。但是，与我们生活息息相关的飞机，出现在历史上的时间并不算长。

人类对于自由飞翔的梦想，远古时代就早已有之。中国盘古时代就留下了"女娲补天"的故事，后又有"嫦娥奔月"的传说。国外阿拉丁"飞毯"的故事也是家喻户晓。然而，世界上第一架飞机的出现要算在 1903 年。这一年，美国的两位发明家莱特兄弟首次实现动力飞行器的飞行，人类才真正迈出了飞行的脚步，而这距今只有 100 多年而已。

莱特兄弟是威尔伯·莱特和奥维尔·莱特的合称。威尔伯·莱特生于 1867 年 4 月 16 日，奥维尔·莱特生于 1871 年 8 月 19 日。莱特兄弟虽然学历不高，仅完成了中学的课程，但他们从小就对机械装配和飞行怀有浓厚的兴趣。1896 年，德

威尔伯·莱特（左）与奥维尔·莱特（右）　　　"飞行者一号"飞机

国滑翔飞行家奥托·李林达尔在飞行中失事，莱特兄弟深受影响，决心研制动力飞行器。他们刻苦钻研李林达尔的著作和其他有关飞行的书籍，打下航空知识的基础，同时充分利用前人的成果，不断制作飞行样机并反复试验，终于将双翼飞行器"飞行者一号"研制成功。

"飞行者一号"使用一台 12 马力的四缸水冷汽油内燃机作为动力，两个推进螺旋桨分别安装在飞行员位置的两侧。为了加强结构，它的骨架是用轻质云杉木木料制作的，47.4 平方米的机翼上覆盖着帆布，今天看来显得非常原始。1903 年 12 月 17 日，莱特兄弟驾驶这架飞机在北卡罗来纳州进行了 4 次试飞。弟弟奥维尔·莱特首先试飞成功，飞行距离 36 米，留空时间 12 秒。随后哥哥威尔伯·莱特将这一成绩提高到 260 米、59 秒。虽然与现在相比微不足道，但这是人类历史上公认的带动力、能载人、持续、稳定、可操纵航空器首飞成功的日子，因此莱特兄弟也被誉为"世界飞机之父"。如今，"飞行者一号"被珍藏在美国华盛顿国家航空航天博物馆内，向人们静静地讲述人类飞行起步的故事。

"飞行者一号"首飞成功后，莱特兄弟继续对飞机进行改进，不断提升飞机的续航时间、飞行稳定性等性能，在飞机研制历史上做出了很大的贡献。为此，1948 年 1 月 3 日，奥维尔·莱特逝世时，美国上下一片悲哀，世界许多国家还降半旗致哀，缅怀这位航空史上伟大的先驱者和发明家。

当时，英国、美国、法国、德国等国家都很重视飞机的研制，飞机制造理论与实践不断发展进步，新研制的飞机在性能上很快就超过了莱特兄弟设计的飞机。1939 年 8 月 27 日，世界上第一架喷气式飞机亨克尔 –178 在德国飞上了天空。这是飞机发展史上的里程碑，人类出行交通方式和打仗作战方式由此发

飞机名片

亨克尔 –178

类别：涡轮喷气式飞机

机长：7.5 米

翼展：7.2 米

机高：2.1 米

空机重量：1620 千克

生了重大的变革。

为了探索空中的奥秘，人们先后研发了各种各样的航空飞行器。总体来看，大气层内飞行的航空器可大致分为两大类。一类航空器平均密度小于空气密度，它们可以飘浮在空气之中，这类航空器在学术上被称为空气静力飞行器，比如气球和飞艇等；另一类航空器平均密度大于空气密度，它们通过航空器与空气的相对运动所产生的空气动力，获得支撑飞行器浮空的升力，这类航空器在学术上被称为空气动力飞行器，飞机、直升机、滑翔机、旋翼机和地效飞行器等都属于这一类。

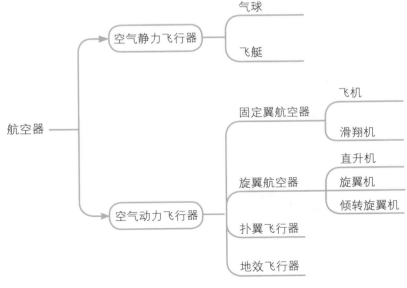

航空器分类示意图

飞机飞行三要素

　　1903 年，当莱特兄弟发明飞机时，他们大概不会预料到后来还会有喷气式飞机。那一年，他们用来制造机身的材料是轻质云杉木，发动机是活塞式。而 36 年后的喷气式飞机，不仅使用金属机身，发动机也变为涡喷式。可以说，两者有很多截然不同的地方。但是无论哪种飞机，只要在地球上空飞行，其中有三个要素是必不可少的，即机体、动力和空气。这三个要素就是飞机的"飞行三要素"。当然，除此之外，还需要合理的设计、工艺和材料，让这三个要素之间通力合作。

　　机体是飞机的主体组成部分，主要分为机身、机翼和尾翼。

　　机身是一个"空心"的物体，这个空心的内部可载人、装货物或其他设备。发明飞机的目的，是希望将人或货物从一个地方快速地运送到另一个地方。所以，人们在制造飞机时，总是希望机身能装更多东西，这样的机身就需要很大且很结实。如果不结实，机身在空中就可能会散架，那就会很危险。

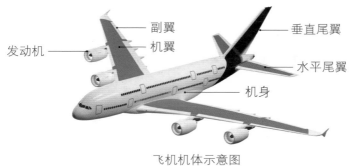

飞机机体示意图

机翼和尾翼与空气相互作用，是用来保证飞机能在天上自由飞翔的关键部件，这里面的学问可大了，很多科学家一辈子都在研究这个问题。

机翼通常有两个，分别安装在机身的两侧，大小完全一样，结构是对称的。它们相当于鸟的翅膀，在飞机动力和空气的配合下，产生垂直向上的力，这个力称为升力，其作用就像空中有两根"隐形的绳子"在用力将机翼向上拉。而机翼与机身牢牢地连接在一起，有了这个升力，机翼就带着机身升到空中了。机翼上有一个称为副翼的装置，它能上下活动，让飞机侧滚运动，并与尾翼配合实现飞机的盘旋、拐弯等飞行动作。

尾翼安装在机身的尾部，可调控实现飞机飞行的平衡。尾翼分为垂直尾翼和水平尾翼，可调控实现飞机向上下、左右飞行。当我们对水平尾翼的活动部分进行上下摆动控制时，就可实现飞机在空中爬升和下降飞行；而对垂直尾翼的活动部分进行左右控制时，就可以实现飞机的向左或向右拐弯。

简单地说，机翼是为飞机提供飞行升力的必要装置，副翼和尾翼是活动部分，相互配合可以完成飞机在空中的爬升、下降、转弯等各种机动动作。

动力是给飞机提供向前运动的推力或拉力，主要由发动机提供。发动机一般安装在机身或机翼上，通常可分为活塞式发动机、喷气式发动机两类，其中喷气式发动机又可细分为涡喷、涡扇、涡桨发动机等。

活塞式发动机要有螺旋桨配合才能产生推力。莱特兄弟设计的"飞行者一号"用的就是活塞式发动机。活塞式发动机大多数服役于 20 世纪 50 年代以前，应用于轻型飞机和超轻型飞机。由于其功率和螺旋桨效率的限制，现在已经非常少见了，只有部分直升机、小型飞机和无人机还在使用。

喷气式发动机则不需要螺旋桨，它们通过向后喷出高温燃烧的气体产生的反作用力，推动飞机前行。喷气式发动机推进功率很大，而且在高速飞行时推进效率很高。搭载喷气式发动机的飞机历经几次研发迭代后，其速度很快就超过了声速（约340 米 / 秒）。据悉，美国洛克希德马丁公司即将推出使用 6 倍声速超燃冲压发动机的飞行器，速度可达 7344 千米 / 小时。

发动机不仅能提供飞机前行的推力，而且在给飞机提供前行速度时，在空气的作用下，会在机翼上产生升力。

空气是飞机在空中飞行的必要条件之一。没有空气，就不可能在机翼上产生升力，飞机就飞不起来。地球大气层厚度通常在 1000 千米以上，在垂直方向上大致可分为五层，由下往上分别是对流层、平流层、中间层、热层和外逸层。

平流层比较稳定，通常没有空气的上下对流运动，适合飞机飞行。对流层常有云、雾、雨、雪、闪电等天气现象，能见度较低，台风、涡旋等气流运动复杂，变化剧烈，在对流层的下端不太适合飞机飞行。

对流层的高度不是固定数值，而是随地理纬度和季节不同而发生变化，纬度越低，对流层就越高，夏季的对流层高于冬季。中国夏季时，南部、中部及华北地区的对流层顶高度基本在 15 千米左右，而到了更高纬度地区则降至 10～12 千米。

飞机理想的巡航飞行高度应是平流层。然而，航程较近的国内航线，飞机通常飞不到平流层的高度就要开始降落。即使航程较远的国际航线，飞机在低纬度地区也很难飞到平流层的高度。为此，飞机通常是在对流层与平流层的过渡层中巡航飞行，这个区域几乎不存在水蒸气，云、雾、雨、雪等天气现象也很少，只有很小的水平风。这就是现代主流客机巡航高度通常为 9～10 千米的原因。

卫星　　　　卫星

外逸层　　外逸层是地球大气层与　　　　约 500 千米
　　　　　　星际空间的过渡区域

热层　　　　热层的气温随着高度的增
　　　　　　加而迅速增高。在热层出
　　　　　　现的极光是高速带电粒子
　　　　　　碰撞产生的光学现象。

　　　　　　　　　　　　　　　　　　　约 85 千米

中间层　　　中间层的气温随着高度的增加而迅
　　　　　　速下降，并有相当强烈的垂直对流。

　　　　　　　　　　　　　　　　　　　约 50 千米

平流层　　　平流层在对流层的上面，空气稀薄，　探空气球
　　　　　　主要呈水平流动。

　　　　　　　　　　　　　　　　　　　约 17 千米

对流层　　　对流层是大气层中最低的一层，云、雾、
　　　　　　雨、雪等主要大气现象都出现在这一层。

飞机是如何飞起来的

　　科学家在研究航空器飞行原理时需要用到一门重要的学问——空气动力学，它是航空航天技术最重要的理论基础之一。这是一门比较深奥的学问，不过我们也不要被它的深奥所"吓倒"，因为理解它的基本原理可以有通俗的方法。

　　你可以自己动手做一个简单的小实验。首先取两张纸垂直平行地放在面前，中间留一些空隙。然后用嘴向两张纸中间吹气。两张纸会发生怎样的运动呢？也许你认为纸应该会向两边张开，事实上你会发现两张纸向中间靠拢了，而且吹的气流越大，两张纸靠得越紧。这是因为，当你向两张纸中间吹气时，纸面内侧空气的流动速度比纸面外侧的速度大，纸面内侧受到空气的压力小于外侧的压力，所以两张纸会被挤向中间。

验证伯努利原理的小实验

空气流速不同，产生的压力也不同，这个原理是瑞士科学家丹尼尔·伯努利根据能量守恒定律率先推导出来的，因此被称为伯努利定律。生活中随处可以见到伯努利定律的应用。火车站或地铁站的站台上的安全线，就是提醒我们在靠近飞驰的列车时要保持一定的安全距离，否则会发生危险。因为，当列车飞驰而过时，站台上的人与列车构成了一个狭窄的通道，靠近列车运行的一侧，由于列车的快速运动，会带动空气运动的速度较快，空气压力就会相对较小；而另一侧的空气运动速度则相对较慢，空气压力就相对较大。这种压力差就有可能把人体吸向列车，发生危险。所以，我们知道这个道理以后，就应该更加自觉地在安全线内候车。两艘并行行驶的大船也不能靠近，否则就会"吸"到一起了。

飞机机翼形成升力与我们这个实验在原理上是一样的。飞机飞行时，通常机翼上表面的空气流动速度快，空气压力小；机翼下表面的空气流动速度慢，空气压力大。两者相互作用就会对机翼产生向上的升力。这个升力对于飞机来说相当重要，一架飞机能不能飞起来，靠的就是升力。如果观察机翼的截面，可以发现机翼截面的上下表面并不平行，而是上表面凸出，下表面平直。流动空气的总能量是守恒的，如果空气流动得快，它给接触面提供的压强就会相应减少。机翼通常设计

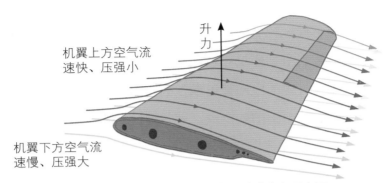

飞行过程中空气与机翼作用形成升力示意图

成上凸下平，为的就是使空气以不同的速度流过机翼的上下表面，在机翼的上下表面获得压力差，产生升力。这样看来，机翼产生升力的原理并不是很复杂。但事实上机翼构型设计的学问可大啦，产生上下翼空气流速变化的机理非常复杂，有许多科技人员在这个研究领域付出了毕生的努力。

除了升力，飞机在空中飞行还会受到其他 3 种力的作用，分别是推力、阻力和重力。其中推力是由发动机提供的；阻力是由空气产生的；重力是由于地球对飞机的引力而产生的。

当推力大于阻力时，飞机会加速向前走。当升力大于重力时，飞机会在空中飞起来。当飞机飞起来后，如果推力与阻力相等、升力与重力相等，理想状态下飞机会在空中作匀速直线飞行。

其实，固定翼飞机在飞行过程中所受到的推力、阻力、升力远比静态分析要复杂，它们是相互影响且动态变化的。比如飞机的升力与飞机的速度、机翼面积关系很大；飞机速度是发动机推力产生的，与飞机的动力有关；而飞机速度提高，阻力就会增大。重力虽然是相对独立的，但也会有变化，因为飞机在飞行过程中，装载的燃油在不断消耗减少，重力也会减小。

除固定翼飞机外，还有旋翼飞行器、扑翼飞行器等多种航空器，它们飞行的基本原理是一致的，都是利用机翼上下压差产生升力。空气动力学是一门复杂而且有趣的学问，它可以帮助人类摆脱地球引力等束缚，值得人类前仆后继地深入研究。

我们前面所说的飞机指的是有人驾驶飞机。事实上，无人机与有人驾驶飞机在空中飞行的基本原理是一样的，只不过在无人机上没有飞行员操控驾驶飞机，而是依靠其他位置的操作手遥控飞机或自主飞行。所以，只要我们知道了有人驾驶飞机的飞行原理，也就知道了无人机的飞行奥秘。

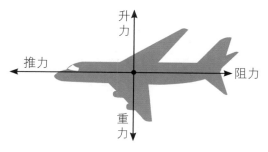

飞行过程中飞机受力示意图

无人机
闪亮登场

在《封神演义》中，哪吒有一件神奇的兵器叫作乾坤圈。这个乾坤圈不仅认识主人，还可以根据交战需要而改变形状，休战时小如金镯，交战掷出时大如石盘，具备自行攻击、光波攻击、多重攻击等功能。随着无人机的诞生与发展，未来这个神话或许将能变成现实，依靠先进的智能控制、能源动力和材料制造等技术，无人机将更加神通广大。

无人机的诞生

　　无人机的诞生，要追溯到第一次世界大战时期。当时欧洲大陆正处于血雨腥风的战乱之中。1914 年 7 月 28 日，第一次世界大战爆发后，飞机很快就在战场上得到了应用，英国、法国、德国等主要参战国家投入的飞机加起来有 300 多架。但是，由于当时制造技术水平比较低，飞机的结构非常简陋，一架飞机一般需要配备 1 名飞行员和 1 名枪手，飞行的高度不高，很容易被地面上的枪炮打下来，造成机毁人亡的惨剧。

　　为减少飞机作战时的人员伤亡，英国有两位将军在 1914 年便向军事航空学会提出了研制无人机用于作战的建议。他们设想研制一种无人驾驶飞机，在飞机上没有操作驾驶人员，而是装上炸弹，通过无线电控制飞到敌方战场上空去攻击敌人。这个大胆的设想很快得到了当时英国军事航空学会理事长戴·亨德森爵士的认同，于是他指定阿奇巴尔德·蒙哥马利·洛教授率领一班人马成立了研制小组，开启了无人机研制之路。

由于保密的需要，这项研制工作被命名为"AT 计划"。研制小组开发了一套用于遥控飞机的无线电装置，安装在由飞机设计师杰弗里·德·哈维兰研制的一架小型单翼飞机上。1917 年 3 月，研制小组在英国皇家飞行训练学校进行了第一次飞行试验，飞机成功起飞，这便是英国历史上的第一架无人机。遗憾的是，这架无人机起飞不久发动机就突然熄火致使飞机坠毁。不久，研制小组又研制出第二架无人机进行试验。这架飞机在无线电的操纵下平稳地飞行了一段时间。当大家兴高采烈地庆祝试验成功时，这架无人机的发动机也熄火了。两次试验失败，使得"AT 计划"画上了句号。为此研制小组成员感到十分沮丧。

虽然"AT 计划"没有达到预期目标，但在技术研究上还是取得了很大的进步，洛教授并没有就此放弃，仍然继续开展无人机的研制工作。直到 1927 年，他参与研制的"喉"式单翼无人机，在英国海军"堡垒"号军舰上成功地进行了试飞。这款无人机载有 113 千克炸弹，以 322 千米 / 小时的速度飞行了 480 千米，在当时引起了极大的轰动。

于此同时，美国在无人机研制方面也取得了很大成就。1917 年，美国两位发明家皮特·休伊特和埃尔默·安布罗斯·斯佩里发明了世界上第一台陀螺仪稳定装置，这种装置与其他设备配合，能够自动使飞机在空中保持平衡地向前飞行。为了吸引美国海军的兴趣，斯佩里将陀螺仪安装在海军的一架柯蒂斯 N-9 教练机上，将这架飞机改造成不载人的飞行器。这架飞机被称为"斯佩里空中鱼雷"，它被安装在一个四轮滑车上，地面上铺设滑轨，由一个陀螺仪装置自动控制飞行方向，一个膜盒气压表自动控制飞行高度，一台活塞式发动机作为动力。飞机发动后，带动四轮滑车在滑轨上滑行，达到一定速度后，即可脱离滑轨飞上天空。"斯佩里空中鱼雷"可搭载约 136 千克炸弹飞行约 80 千米，不仅试飞成功，还完成了攻击目标试验。

　　无人机在第一次世界大战后期就诞生了，但并没有立即投入战场使用。在 20 世纪 50 年代前，无人机主要是作为靶机使用，很少用于战场。直到 20 世纪 60 年代，美国将无人机用于越南战场，实施空中侦察任务，才开启无人机实战应用的先河。从那时起，无人机便逐步在战场上发挥越来越大的作用。

无人机的定义

在不同的发展时期，人们对无人机的认识不尽相同，对无人机的需求和理解也是逐渐深化完善的。在无人机研制之初，英国的"喉"式单翼无人机和美国的"斯佩里空中鱼雷"，都被人们公认为无人机的"鼻祖"，其实它们并不符合现代意义上的无人机定义。现在，人们关于无人机的定义已初步达成共识，即无人机是一种机上无人驾驶、由动力驱动、可重复使用执行多种任务的空中飞行器。

无人机首先是一种可执行多种任务的空中飞行器。你也许会想到，其他的有人驾驶飞机、飞艇、三角翼飞行器或气球、导弹等空中飞行器也可以执行多种任务，也能在空中飞行。因此，准确地从众多飞行器中将无人机区分出来，还要依靠它所具有的三个特征，即机上无人驾驶、动力驱动、可重复使用。这是无人机定义非常关键的部分，它们准确地界定了无人机的三个重要特征。

机上无人驾驶，就是说在机体上没有驾驶人员，这是无人机命名的由来。无人机的机上无人驾驶，并不等于无人机不需要人员操作驾驶，而是隐含着一个信息：无人机的"驾驶人员"（我们称其为无人机操作手）可能在地面或其他地方。英国人最早提出研制无人机的初衷，就是为了减少飞机上作战人员的伤亡，由操作手在地面通过无线电遥控操作控制无人机执行任务。随着无人机应用的领域越来越多，无人机操作手选择的位置也会越来越多，既可以选择在地面便于操作与执行任务的位

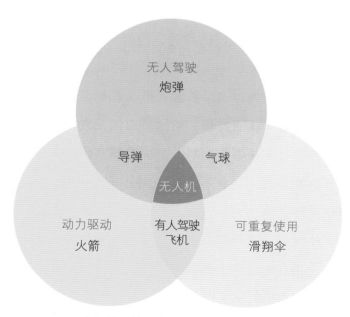

无人机是可执行多种任务的空中飞行器

置，也可以在海面舰船上或潜艇内。当然，操作手还可以在有人驾驶飞机上，实现有人机与无人机的协同飞行。这将成为未来战争的一种新场景，即有人指挥、无人交战。

动力驱动是无人机飞行的基础。之前我们已经讲过，动力是飞机飞行的三要素之一。那么为什么还要强调无人机是由动力驱动呢？这是因为空中还有许多飞行器也是无人的，比如气球、滑翔伞等，在飞行过程中是没有动力驱动的。所以，由动力驱动也是无人机区别于空气静力飞行器的一个重要特点。

可重复使用，是从应用的视角来描述无人机的又一个特点。战斗机或军舰上发射的导弹，也能同时符合"弹上无人"和"由动力驱动"两个特点，但由于导弹不能重复使用，通常不能归入无人机之列。大多数无人机通常是可重复使用的，比如用于物流运输、喷洒农药、航拍摄影以及战场侦察的无人机等。当然，这一点并不是绝对的。一些国家研制装备了自杀式无人机作为武器使用，这种无人机并不能在战场上重复使用，但我们仍然称之为无人机。为了节约训练成本，有些自杀式无人机在训练时可不携带战斗部，也可以重复使用。这里所说的战斗部，是指在无人机上装载的弹药等用来毁伤目标或使目标失能的部件，通常包括杀伤、爆破、燃烧等作用方式。

无人机飞行的奥秘

　　既然无人机的机体上没有驾驶员，那么你可能会产生疑问，无人机是如何实现按照人类意图飞行的呢？这就要从无人机系统的组成谈起。无人机系统通常由飞行平台、飞行控制站、无线电传输链路和搭载在飞行平台上的各种任务载荷等组成。

　　其中，飞行平台就是我们经常可以看到的在空中飞行的无人机机体和机体内的各种设备，是执行各种具体任务的载体。有时在一定的语境下，"无人机"也可指代"无人机飞行平台"。飞行控制站相当于有人驾驶飞机的驾驶舱，是无人机操作手控制飞行平台正常飞行并执行任务的设备和场所。也就是说，有人驾驶飞机的驾驶舱相当于被"搬到"地面或其他位置。无线电传输链路是链接飞行平台和飞行控制站，用于传输各种信息的无线电信道，建立起飞机和飞行控制站联络的通道，可完成遥控（即控制站向飞机发送飞行控制等指令）、遥测（即将飞

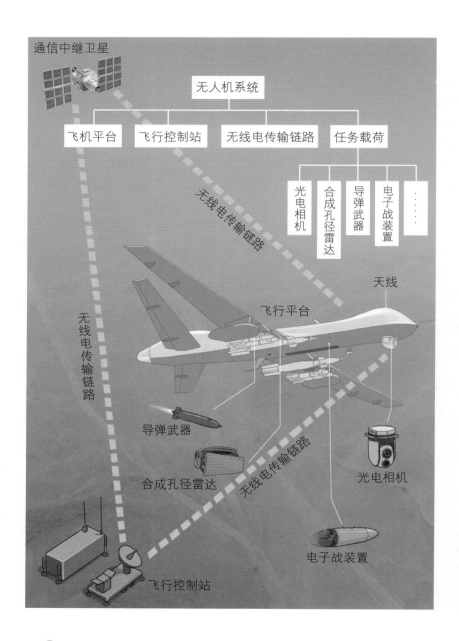

通信中继卫星

无人机系统

飞机平台　飞行控制站　无线电传输链路　任务载荷

光电相机　合成孔径雷达　导弹武器　电子战装置　......

无线电传输链路

无线电传输链路

天线

飞行平台

导弹武器

合成孔径雷达

无线电传输链路

光电相机

电子战装置

飞行控制站

机各种状态信息传回到控制站，包括飞机速度、高度和机上任务设备的工作状态等信息）、跟踪定位（即找到飞机在空中的位置和飞行路线）以及信息传输（即将飞机获取的各种应用信息传回到控制站或用户）等工作。任务载荷是安装在无人机飞行平台上用于执行各种任务的设备，如光电相机、合成孔径雷达、导弹武器、电子战装置和农药喷洒器等。

众所周知，有人驾驶飞机的飞行控制，是由驾驶员在驾驶舱内通过操控手柄或键盘实现的。无人机的飞行控制却不一样，因为在飞行平台上没有驾驶员，而是由安装在飞行平台上的飞行控制器和位于地面或其他位置上的飞行控制站共同配合取而代之。飞行平台上的飞行控制器通过无线电传输链路接收从飞行控制站发来的指令，并转化为飞行控制信息传递给机翼、副翼和尾翼，从而实现对无人机飞行速度、航向和姿态的控制。当然，飞行控制站的操作手还可以通过无线电链路向飞行平台上的任务载荷发送指令，控制任务载荷完成相关任务。这种控制方式在专业上称为"遥控"。

因为无人机操作手无法亲临现场，为了确保无人机稳定、自由地飞行，还需要实时掌握飞行平台的空中位置、速度、高度、航向和发动机及任务载荷等状态信息。因此，在飞行平台上还需要安装定位导航设备等来获取其状态信息，并通过无线电传输链路传送给无人机操作手。这个过程在专业上称为"遥测"。

无人机操作手在飞行控制站操作控制无人机，主要有4种不同的控制模式。

第一种模式是遥控模式。无人机操作手通过无线电传输链路，实时掌握飞行平台在空中飞行的情况，并从飞行控制站实时发送飞行指令，来控制飞机飞行。在这种模式下，无人机操作手虽然不需要每时每刻都看到实际的飞行平台，但每时每刻都要掌握飞行平台的实时状态信息，并根据飞行平台状态信息实时控制飞行过程，直到无人机返回场站以后才算完成任务。在遥控模式下，无人机操作手的工作强度比较大，稍不留神就可能出现失误。早期的无人机均采取这种控制模式。

第二种模式是自动控制模式。无人机操作手根据无人机执行任务的需要，事先将飞行航路和任务载荷的工作流程规划好，并提前将航路规划和载荷控制的数据输入到无人机飞行控制计算机内，无人机的飞行控制器就会控制飞行平台自动按照已经规划的航路和既定的任务飞行。在规划无人机飞行航路时，无人机操作手根据任务需要可以规划多条飞行航路，并在飞行过程中自动切换。此外，无人机操作手也可以临时改变飞行航路，把重新规划的航路数据通过无线电链路注入飞行控制

1 遥控模式

操作手通过无线电传输链路控制无人机

2 自动控制模式

输入数据控制无人机

3 半自动控制模式

输入数据控制无人机

4 自主控制模式

无人机自主规划航线规避障碍物

无人机航线

执行任务

计算机中。在这种模式下，无人机操作手只需通过接收遥测数据，在飞行控制站的显示屏实时掌握飞行平台的状态信息就可以了。这大大减轻了无人机操作手的工作量。

第三种模式是半自动控制模式。这种模式是遥控和自动控制两种模式的结合。即在无人机飞行的全过程中，无人机操作手根据执行任务需要，灵活地选用遥控和自动控制两种模式。如在无人机起飞、降落阶段可选用遥控飞行模式；在长距离飞行或执行简单任务时可选用自动控制模式；在执行目标侦察等复杂任务时，为更清楚地观察目标，可选用遥控模式等。在这种模式下，无人机操作手只需在重点环节采取遥控模式，其他环节采取自动控制模式，既可适度减轻工作量，又可确保完成任务质量。

第四种模式是自主控制模式。在这种模式下，无人机操作手只需将执行任务要求、起点和终点输入飞行控制计算机，无人机就能自主规划飞行航线，自动规避飞行过程中遇到的各种障碍，自动执行被赋予的各种任务，实现全程自主飞行。这是一种更高级的智能化飞行控制模式，可以大大地提升无人机灵活执行任务能力。目前，无人机全自主控制技术还在快速发展之中，需要智能科技的助力，许多科技工作者还在为之努力奋斗攻关。

我们在理解这些控制模式时要注意区分"自动"和"自主"的差别。"自动"是在飞行过程中通常不需要人的操作，无人机就可按事先规划好的任务流程去飞行作业，但这个飞行流程是由操作手人工事先制定好的，如果遇到不确定的场景，无人机将会无所适从。而"自主"就不一样了，用户只需要告诉无人机的飞行任务目标，至于如何完成这个飞行任务目标，都由无人机自己来确定。假如我们确定无人机的飞行任务目标是从北京到上海，至于无人机走哪条航线、飞行高度多高、飞行速度多快等，都不需要人工规划制定，完全可由无人机系统根据自身掌握的信息自主决策。

飞行控制技术是无人机发展的核心关键技术，飞行控制自动化和智能化是无人机发展的永恒追求。随着科学技术的不断发展进步，未来还可能出现更多新的飞行控制模式。现在，科学家正尝试将脑机接口技术运用于无人机的飞行控制之中。如果这一技术能取得决定性突破，那么它就能够将大脑意识转换为无人机飞行控制指令，无人机就可以随念而动，实现更加自由的飞行。或许在那时，古人畅想的"御剑术"将不再是梦想。无人机不仅仅是战场上的"利剑"，还可以为人类提供各种各样生产生活服务。

创意无限的无人机科技正在向我们招手！

无人机
分类特性

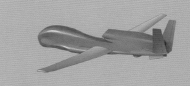

- 无人机分类
- 无人机平台构型
- 无人机起飞重量
- 无人机飞行高度

你知道吗？无人机经过百余年的发展，已成为一个大家族，但目前国际上还没有形成通用的无人机分类标准。不过，有的国家已根据无人机的用途、特性等，从不同维度对无人机进行了分类，并颁布了法规制度来明确无人机的分类管理措施。如果我们能够了解无人机的不同分类方式，就可以更好地认识无人机的家族成员及特性。

〉 无人机分类

　　当前，无人机已经发展成为一个种类多、用途广、特性各异的大家族。由于无人机需要适应不同应用场景的需求，它们通常在飞行平台构型、起飞重量、飞行高度、飞行半径、飞行速度、续航时间等方面具有不同的特性，这些特性对无人机的使用与管理具有重要的影响。为了便于更好地认识、使用和管理各种各样的无人机，人们往往需要对其进行科学合理的分类。

　　为此，人们从不同的视角提出了多种分类标准和方法。从应用领域来看，无人机通常可分为军用无人机、警用无人机、民用无人机等类别。军用无人机是指用于执行侦察、通信、干扰、打击、勤务保障以及演习训练等军事任务的无人机，如无人靶机、无人侦察机、诱饵无人机、电子对抗无人机、通信中继无人机和无人作战飞机等。警用无人机是指用于警戒监察、巡逻、搜捕、反恐、救援、交通执法、维护公共安全等警务活动的无人机。民用无人机分为生产作业无人机和消费无人机。

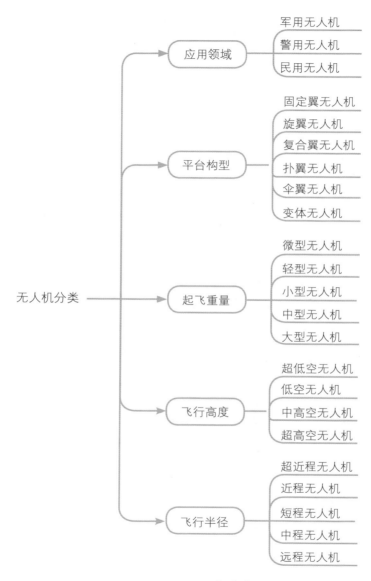

无人机分类图

民用生产作业无人机是指用于航空运输、农业植保、管网巡检、公共服务等社会生产与服务领域的无人机。民用消费无人机是指用于航拍、游戏等休闲娱乐的无人机。

无人机不仅可以按照应用领域进行分类，也可以按照其飞行平台构型、起飞重量、飞行高度、飞行半径等主要特性来进行分类。从飞行平台构型来看，通常可分为固定翼无人机、旋翼无人机、复合翼无人机、扑翼无人机、伞翼无人机和变体无人机等，其中旋翼无人机还可分为无人直升机和多旋翼无人机等。从起飞重量来看，通常可分为微型无人机、轻型无人机、小型无人机、中型无人机和大型无人机等。从飞行高度来看，通常可分为超低空无人机、低空无人机、中高空无人机和超高空无人机等。从飞行半径来看，通常可分为超近程无人机、近程无人机、短程无人机、中程无人机和远程无人机等。此外，无人机还可以按照飞行速度、续航时间等其他特性进行分类。

对于各种不同类型的无人机，它们在设计、生产、使用、维护和管理时也存在一定的差异。为进一步认识无人机分类的基本特性，我们接下来将从无人机的平台构型、起飞重量和飞行高度三个方面简要地进行介绍。

无人机平台构型

飞行平台构型是无人机的主要特性之一，不同平台构型的无人机通常具有不同的飞行特点和应用优势，可以满足各种不同的应用场景需求，同时也会存在自身固有的不足。这些因素对无人机的设计、生产、使用、维护和管理都会产生必然的影响。

固定翼无人机是当前无人机发展与应用的主流平台，具有飞行效率高、续航时间长、载荷重量大、用途比较广等优势。如中国研制生产的"彩虹""翼龙"系列无人机，美国研制生产的"捕食者""全球鹰"等无人机，都是固定翼无人机。然而，固定翼无人机也存在不足，因为它在起飞时需要获得足够的速度，需要依托跑道进行长距离加速实现助跑起飞和滑行降落，有的需用火箭助推或弹射起飞、伞降回收等。因此，固定翼无人机在设计使用时具有一定的局限性。

旋翼无人机与固定翼无人机相比，在飞行效率、续航时间、载荷重量等方面都有较大差距。因为旋翼无人机依靠旋桨转动获取的升力具有一定的极限，使得它很难在空气稀薄的高空飞行。同时它的控制难度较大，安全性相对较低。不过旋翼无人机也有自己的优势，它可以不依赖机场实施垂直起降和悬停或进行低速、低空飞行。

旋翼无人机可分为无人直升机和多旋翼无人机两类。无人直升机可以搭载多种载荷，既可靠又便捷，还很安全。中国研发的FH-909系列无人直升机，使用升限在6500米左右，可以搭载120千克投送载荷在海拔5000米的高度持续飞行3小时以上。不过无人直升机的机械结构比较复杂，售价比较贵，维护成本也比较高。多旋翼无人机通常有4个或更多的旋翼，这类无人机机械结构简单，研发生产成本较低，操纵使用方便，已成为当前民用无人机发展的热门机型。但是，多旋翼无人机通常续航时间较短，航程较近，载荷较小。

复合翼无人机能够避免单翼种使用时存在的不足，提升无人机飞行的稳定性、操控性和起降的灵活性等。比如将固定翼与旋翼组合起来的复合翼无人机，便可在舰船、山地等无跑道条件下利用旋翼实现垂直起降，起飞后再转换固定翼工作模式，便可发挥固定翼飞行距离远、续航时间长、作业种类多等方面的优势。

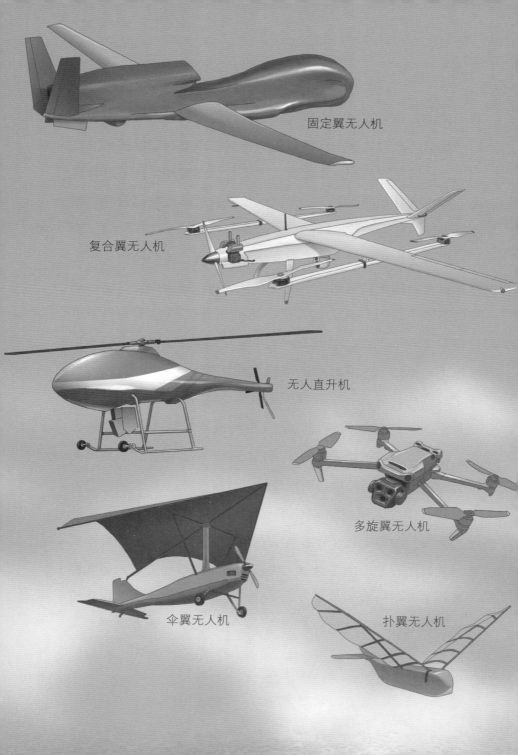

固定翼无人机

复合翼无人机

无人直升机

多旋翼无人机

伞翼无人机

扑翼无人机

像鸟一样飞行，是人类的梦想之一。扑翼无人机便可实现这个梦想，它可以像鸟的翅膀那样上下拍打，产生升力和前后飞行的动力。比如美国研制的"蜂鸟"飞行器，机身长度约15厘米，翼展长度约16厘米，飞行平台重量约19克，就像真实的蜂鸟一样，可实现从18千米/小时速度飞行到悬停姿态转换，能够前冲、后退、盘旋或停靠在窗台上，还能够进入人类难以到达的区域等。扑翼无人机构造比较复杂，研发技术难度较大。随着仿生科学技术的突破与应用，扑翼无人机发展不断取得新的进展，可在创新应用上带来很大的想象空间。因此，扑翼无人机将成为未来无人机技术发展与应用的重要创新方向。

还有一类利用伞状结构机翼与大气相对运动来提供升力的伞翼无人机。这类无人机结构简单、成本较低，但操控性较差，目前相关产品研发和应用场景还比较少。

此外，随着无人机设计理念、材料与工艺技术的发展，将来还可能出现在飞行过程中可以改变机体形状的变体无人机。它能适应更广泛的飞行环境条件，真正实现像鸟类或飞虫一样自由飞行。

无人机起飞重量

　　无人机的起飞重量是衡量无人机执行任务能力与影响无人机运行安全的重要特性指标。它包括无人机自身的空机重量，以及它所携带的燃油和载荷重量等。无人机的起飞重量越大，说明它在起飞时可携带任务载荷就越重，能执行的工作任务也就越多。同时，起飞重量大的无人机在着陆时往往会产生更大的冲击动能，运行控制的风险也会更高。

中国无人机的区分标准

基本特性	微型无人机	轻型无人机	小型无人机	中型无人机	大型无人机
空机重量（千克）	< 0.25	≤4	≤15	—	—
飞行真高（米）	≤50	—	—	—	—
最大起飞重量（千克）	—	≤7	≤25	≤150	>150
最大飞行速度（千米/小时）	≤40	≤100	—	—	—

　　许多国家从安全管理的角度出发，都把无人机的起飞重量作为无人机分类管理的重要指标。中国于 2023 年 5 月公布了《无人驾驶航空器飞行管理暂行条例》，明确描述了微型无人机、轻型无人机、小型无人机、中型无人机和大型无人机的区分标准与管理规定。

　　微型无人机的起飞重量很小，飞行高度不高、速度不快。这类无人机的飞行与降落，就像小鸟或飞虫一样，通常对人们生命和财产不会构成威胁。因此，世界大多数国家和地区通常对这类无人机不采取管制措施。不过，这种情况也不是绝对的，有的国家已经将高性能微型无人机应用于军事领域，引起了国际社会的高度关注。2013 年，英国军队在阿富汗战场首次使用了"黑蜂"微型无人直升机，其机长约 20 厘米，总重

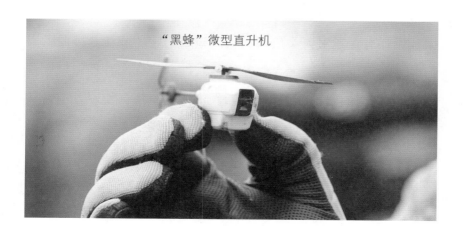

"黑蜂"微型直升机

仅 16 克，最高时速约 35 千米 / 小时，巡航时间约 25 分钟，航程约 1000 米。它可以携带 3 个可变角度和变焦的微型摄像头，经窗户飞进建筑物或院落，对可疑的目标进行"盘旋监视"，并将实况图像传递给无人机控制者。

随着无人机能源、材料与工艺微型化技术的不断突破，无人机的微型化还在持续取得新的进展。据报道，2019 年 6 月，美国哈佛大学微机器人实验室模拟蜜蜂制造出飞行机器人"RoboBee"。这是有史以来最轻的飞行器，其自重仅 259 毫克，使用的微型太阳能电池重量约 10 毫克，只要有足够强度的光源，"RoboBee"就可实现持续飞行。

轻型无人机、小型无人机的起飞重量不大，通常是在低空区域飞行，如果在远离机场的净空区飞行，它们一般不大可能给其他飞机带来麻烦。虽然它们在着陆时产生的冲击动能并不大，但却有可能对人类生命和财产造成一定的威胁。因此，人们通常对轻型、小型无人机实行强制性产品认证管理。只有获得强制性产品认证以后，这些无人机才能销售与使用。不仅从事销售无人机（微型无人机除外）的单位或个人需要向公安机关备案，而且需要核实记录购买者的身份等相关信息，定期向公安机关报备。

中型无人机、大型无人机的起飞重量比较大，可携带载荷种类较多，应用较为广泛。目前大量的军用无人机、物流运输无人机都属于中型或大型无人机。美国研制的"全球鹰"高空长航时无人侦察机，最大起飞重量14628千克，续航时间36小时。中国在运-5B飞机平台基础上研改的鸿雁(HY100)无人机最大起飞重量5250千克，最大载重量1500千克，实用升限4500米，最大航程1560千米，是中国首个通过适航审定的民用大型无人机系统。

对于中型无人机、大型无人机的飞行安全监管与普通有人驾驶飞机基本一致，世界各国普遍采用适航许可管理模式。在中国，国家民用航空部门负责实施适航许可管理，只有经过国家民用航空部门审核批准，才可以从事中型和大型无人机的设计、生产、使用、维修等活动。

飞机名片

"鸿雁"无人机

类别：大型运输无人机

机长：12.7米

翼展：18.2米

机高：6.1米

最大起飞重量：5250千克

无人机飞行高度

飞行高度是无人机设计与应用的关键指标，在军事应用上具有极为重要的意义。它同样也是空中安全管理的重要指标。为了规避无人机在空中发生碰撞的风险，应针对在不同高度空域飞行的特点，制定相应的管理法规制度。

对于无人机的飞行操作控制来说，视距是一个非常重要的概念。所谓视距，就是无人机操作手与无人机保持直接目视视觉接触的范围。当无人机在操作手视距范围内飞行时，操作手可以直接观察到无人机飞行实况。因此，操作手可根据自己看到的情况，操作控制无人机执行飞行任务，就可以规避撞击风险。

但是，如果无人机在视距外，操作手就没办法直接通视无人机的飞行位置和状态。因此，需要在无人机飞行平台上加装感知与规避设施、航空飞行应答设备等，让操作手可实时掌握无人机的飞行位置和状态，进行应答识别，从而可以像在视距内操作那样，有效地控制无人机执行飞行任务。

超低空无人机飞行高度区间通常为 0～100 米。它主要应用在民用领域，比如农业林业植保生产、近距离物流运输、交通管理执法、航拍消费娱乐等方面，通常会在视距内飞行，操控起来较为容易。然而，对于部分军用超低空无人机，大多数情况可能不在视距内飞行，因此，对其操控难度大、要求更高。

低空无人机飞行高度区间通常为 100～3000 米，中高空无人机飞行高度区间通常为 3000～18000 米。这两个空域是军用无人机飞行活动的主要空域，竞争极为激烈。在低空飞行的主要有：美国研制的"黄蜂"无人机、中国研制的"飞鸿"无人机、俄罗斯研制的"柳叶刀"无人机等，如美国"黄蜂"无人机飞行高度约 300 米。在中高空飞行的主要有：德国研制的"月神"无人机，飞行升限约 5000 米；法国与意大利、希腊、西班牙、瑞士、瑞典联合研制的"神经元"无人机，飞行升限约 11000 米；以色列研制的"苍鹭"无人机，飞行升限约 13000 米；美国研制的"死神"无人机，飞行升限约 15000 米等。

在低空和中高空飞行的无人机，通常都在超出视距范围的空域飞行，为实时掌握它们的飞行位置和状态，实施有效的飞行控制，都需要在无人机飞行平台上加装感知与规避设施和航空飞行应答设备。同时，为便于实施空域管理，通常还需要在

X-37 空天无人机

— 18000 米

"死神"无人机

"苍鹭"无人机

"神经元"无人机

"月神"无人机

— 3000 米

"黄蜂"无人机

物流无人机

航拍无人机

— 100 米

无人机飞行平台上加双向航空交通管制通信系统，用来在无人机与空域管理系统之间建立直接通信链路，提高对无人机飞行空域管理的效率。

超高空无人机的飞行高度大于 18000 米，甚至还可能进入亚轨道或太空轨道飞行。超高空无人机目前还处于探索阶段，只有极少数国家具备这种科技实力。如美国波音公司研制的 X−37B 空天无人机，集航空器与航天器功能于一身，可由全推力版"猎鹰 9 号"等多类火箭平台发射升空，既可在大气层内亚轨道飞行，也可在大气层外近地轨道飞行，还可飞至中高轨道飞行。X−37B 空天无人机已经执行了多次飞行任务，并且创造了驻轨飞行 780 天的历史纪录，具有反应速度快、飞越范围广、驻轨时间长等特点，将给未来空天安全带来新的严峻挑战。现有的航空、航天管理与防御体系已经不能适应这种飞行模式，我们应加快航空航天科技探索步伐，积极应对不断涌现的科技机遇与挑战。

总体而言，有了无人机的分类，对无人机的飞行管理就很方便了。例如，中国无人机相关管理条例规定，起飞重量小于 7 千克、飞行高度在 120 米以下，通常可在禁飞区以外自由飞行，不需要申请飞行计划。

军用
无人机

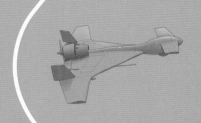

- 快速开辟新天地
- 实战拓展新用途
- 靶机起步发展
- 军用无人机的优势

美国机器人专家彼得·辛格曾经预言，以无人机为代表的机器战争将改变 5000 年来的战争形式。可是你知道吗？我们在各种媒体上经常看到的大红大紫的军用无人机，其发展过程并不是一帆风顺的，甚至曾一度被某些国家"打入冷宫"，后来才又逐渐受到青睐。

军用无人机的优势

为什么无人机在军事应用上会受到青睐呢？我们通过分析无人机在军事应用上的优势来回答这个问题。

英国人最初研制无人机的初衷，就是希望通过利用无线电遥控技术，远程操作控制装载炸药的无人机，飞向战场去消灭敌人或炸毁目标，在实现作战目的的同时，还可创造己方无人员伤亡的奇迹。由此看来，运用无人机作战降低己方人员伤亡的风险，是军用无人机的首要优势。

除了可降低己方人员伤亡的风险以外，由于无人机飞行平台上没有飞行员，无人机飞行时便可以不考虑飞行员承受过载的影响，也不受飞行员活动空间与持续飞行时间的限制。它可以执行许多超越飞行员生理极限的任务，甚至还能在核生化污染环境下执行任务。

什么是过载呢？我们在乘坐升降电梯时可能会有这种体验，当电梯启动加速上升或减速停止的瞬间，除了电梯的升力以外，还有一种向下或向上的力量作用到身体上，让身体好像承受了额外的负担。这就是过载。当过载太大时，人体的某些器官会感到不舒服，甚至可能受到损伤。事实上，在飞机加速起飞、减速降落或快速转弯时都会产生较大的过载。因此，机体必须足够结实才能不至于受到损坏，而且飞行员也需要进行相应的训练和准备。战斗机飞行员通常会穿抗荷服来提升对过载的承受能力，但当过载超过一定限度时，飞行员仍可能会产生"灰视"或"黑视"等问题，严重的甚至会昏迷或死亡。

由于无人机无需考虑飞行员承受过载的影响，我们在研制无人机时便可对飞行机动性进行大胆的突破。实战经验表明，飞机的机动性是赢得空战优势至关重要的"武力值"。随着无人机飞行控制技术日臻成熟，无人机可在速度、高度和方向等机动性方面实现重大突破，从而大幅提高其空战优势。

那么，飞行员的活动空间与持续飞行时间可能会从哪些方面对飞机设计产生影响呢？我们知道，在有人驾驶飞机上必须要设计飞行员的驾驶操作空间，并且飞行员是有生理极限的。如果执行长时间的飞行任务，则需要多名飞行员轮替驾驶操作。因此，有人驾驶飞机需要有足够大的空间，才能满足飞行员进行呼吸、饮食以及排泄等生命活动的条件，同时还需要设计飞行员生命保障系统，如高空吸氧、低温保护等。这势必

座舱宽大会提高飞机的制造成本，对飞机的机动性也有一定影响。

会增加飞机的制造成本。由于无人机不受飞行员活动空间和持续飞行时间等限制，其飞行平台和起飞重量就可以根据作战任务需要进行灵活设计。因此，无人机设计师们便可发挥聪明才智，研发设计型号各异、功能繁多的无人机产品，满足不同的军事应用需求。

综合起来看，军用无人机主要有五个方面的优势：可降低己方作战人员伤亡的风险；抗过载能力强；无需飞行员生命保障系统，具有价格优势；可长航时工作；可在核生化污染等特殊环境下执行任务等。

随着无人机技术的快速发展，无人机的军事应用领域将不断拓展，传统有人驾驶飞机执行的许多任务将可能被无人机替代，而无人机却具备有人驾驶飞机始终无法实现的特殊优势。因此，无人机必将给战争形式带来颠覆性的变革。

靶机起步发展

　　无人机诞生之初，它在军事应用领域可不像今天这样风生水起。由于受当时飞机制造和无线电遥控技术等发展水平的限制，无人机的飞行试验经常遭遇失败。于是，军方便逐渐对其作战前景产生了质疑，许多原本由军方资助的无人机项目也被取消。后来，由于防空射击训练的发展需求，无人机作为靶机应用的潜力逐步被发掘出来。

　　所谓靶机，就是用来模拟敌军飞机、为各类防空或空战武器系统提供假想的目标与射击机会的军用飞行器。在 20 世纪初期，因为飞机投入军事应用，战争形式发生了深刻变化，使得防空射击训练受到了高度重视。最初，一些国家运用有人驾驶飞机牵引拖靶作为防空射击训练的靶标。但是，由于当时射击精度不高，防空火炮很容易误射有人驾驶飞机，从而造成重大损失。显然，昂贵的有人驾驶飞机不太合适用来当作防空射击训练的"陪练"，寻找成本更低的替代品便成为一项重要任

一架美国无人靶机在演习中被击落后起火

务。于是，英国、美国等国家便将目光投向无人机，正是这一举措开启了无人机军事应用的先河。

第一次世界大战后，无人靶机开始进入快速发展阶段，英国曾处于世界领先地位。1921年，英国成功研制了世界第一架可供实用的无人靶机，它可以在1830米的空域以160千米/小时的速度飞行。此后，英国一直都在孜孜不倦地发展无人靶机技术。1933年，英国又研制出著名的"蜂后"无人靶机，随后投入了批量生产。1934～1943年，英国生产了约420架"蜂后"无人靶机，每架靶机都有约20架次的飞行记录。这种无人靶机一直沿用到第二次世界大战以后。

美国在1940年前后才开始研发无人靶机，第二次世界大战以后逐步成为世界无人靶机研发的领跑者。经过持续发展，

"火蜂" BQM-34A 无人靶机

美国的"火蜂"系列无人靶机，至今仍在生产和服役。其中，"火蜂"BQM-34A 成为世界上最成功、功能最多、用途最广的靶机。

20 世纪 70 年代以后，美国开始将退役飞机研制改装成全尺寸实体无人靶机，如将退役的 F-4 战斗机改装成 QF-4 无人靶机，后来又将退役的 F-16 战斗机改装成 QF-16 无人靶机等。

中国无人靶机研发起步于 1959 年，研制人员经过一年多时间的努力拼搏，研制出中国历史上第一型军用 B-1 靶机。B-1 靶机于 1961 年完成首飞，1962 年完成定型，1963 年投入生产，曾大量装备中国陆军、海军、空军的高炮部队，用于防空火炮和高射机枪的射击训练。经过 60 多年的努力发展，中国陆续研制出 B 系列靶机、"长空"系列靶机等多种型号产品，在小型低空低速靶机、大型高速靶机等方面均取得了显著的进展。

到目前为止，世界 30 多个国家和地区的百余家公司已研制生产了 200 多种无人靶机，总量达数万架。相比早期主要用于防空火炮或高射机枪射击训练的无人靶机，如今的无人靶机还可用于检验导弹武器对空中目标的射击精度和杀伤效果等。

历经长时间的发展演变，无人靶机已经今非昔比，无论是外形还是性能，都已经大不相同。它们在机动性能、飞行姿态、隐身性能、光电对抗、空域范围、战术运用等特性上，几乎可以做到与潜在对手武器装备同步发展，可以持续为防空或空战射击训练、装备试验鉴定等贡献自己的力量。

✈ 飞机名片

"长空一号"无人机

类别：无人靶机

机长：8.4 米

翼展：7.5 米

机身高度：3.0 米

最大起飞重量：2482 千克

> 实战拓展新用途

第二次世界大战结束后，世界格局逐步形成了美国与苏联两超争霸的态势，正如英国前首相丘吉尔在 1946 年所说："一幅横贯欧洲大陆的铁幕已经降落。"冷战开启以后，对立双方的军事侦察任务变得愈发活跃。20 世纪 50~60 年代，美国 U-2 侦察机曾多次侵入苏联、古巴、中国等国家领空进行非法侦察活动。

然而，1960 年 5 月却发生了美国 U-2 侦察机被击落、驾驶员被俘的事件。这一事件让美国声名扫地，并极大地刺激了美国军方。1960 年 7 月，美国开始尝试将"火蜂"-147 无人靶机改装为无人侦察机，开启了无人侦察机发展的大门。

在越南战争初期，美国作战飞机遭到了防空火力的顽强抗击，损伤惨重。为对越南北方防空力量实施有效的侦察，美国于 1964 年将改装成功的"火蜂"无人侦察机投入实战应用。这是无人机首次真正直接运用于作战行动。

被击落的U-2侦察机残骸

"火蜂"无人侦察机从"大力神"运输机的机翼下发射，然后便按预编的程序、沿预定的航线飞行，对地面的军事目标进行自动拍照。由于受当时侦察与通信技术水平的限制，无人机获取的情报还不能实时传回指挥所。要想取回情报就必须实现无人机的回收。因此，无人侦察机完成拍照任务后，还需要飞回到回收区，打开降落伞落到地面，情报工作人员再将胶卷进行冲洗判读。

由于实施无人机侦察没有飞行员伤亡，美国面临的损失和舆论压力比较小，所以在越南战场上进行了大量运用。据不完

"大力神"运输机的机翼下搭载了两架"火蜂"无人机

全统计，在越南战争期间，美国共出动无人侦察机达3435架次，有2873架次成功回收，损失率16%，拍摄约1.4亿张照片，取得了很好的效果。

值得一提的是，在越南战争期间，美国的"火蜂"无人侦察机曾多次侵犯中国领空执行侦察情报任务，先后被中国军队击落了约20架。

"火蜂"无人侦察机在越南战争中崭露头角，但在越南战争结束后，美国为了缩减国防经费预算，很快就解散了无人机部队。然而，以色列却后来居上，凭借其研制的"侦察兵"和"猛犬"无人机等，成为世界无人机技术的领跑者，并且在1982年贝卡谷地战役中成功地运用无人机实施了战场侦察、引诱欺骗、电子干扰等作战行动，与有人机配合，使得叙利亚苦心经营10年、耗资20亿美元、19个导弹阵地、228枚导弹全部被摧毁，使得无人机声名鹊起，成为军用无人机发展的重要里程碑，引发热潮，极大地促进了军用无人机的发展。

后来，以色列在"侦察兵"和"猛犬"无人机基础上，又研发了"先锋"无人侦察机。"先锋"无人侦察机可根据战场环境条件和作战任务更换任务载荷，在白天可携带微光电视摄像机，夜间则可换上红外夜视仪。这两种设备均配有变焦镜头，分辨率极高。当无人机飞至目标上空时，便可实时向己方数据接收站发回敌方工事构筑、障碍设置、兵力部署及作战行动等视频图像，用于引导火炮打击以及评估毁伤效果等，有效地提高火炮打击效率。

1986 年，"先锋"无人侦察机远销美国，并于 1991 年爆发的海湾战争中成功应用。以色列成为军用无人机研发和使用的"先锋"。

飞机名片

"先锋"无人机

类别：无人侦察机

机长：4.3 米

翼展：5.2 米

机身高度：1.0 米

最大起飞重量：205 千克

快速开辟新天地

20世纪90年代以来，美国、俄罗斯、以色列等军事强国都看到了无人机军事应用的显著成效，竞相发展先进的无人机技术。世界军用无人机进入了快速发展新阶段。自杀式攻击无人机、察打一体无人机和隐身作战无人机等多种无人机如雨后春笋般涌现出来，在海湾战争、阿富汗战争、伊拉克战争、俄乌冲突等战争或冲突中得到了广泛应用，发挥了重要作用。

以色列研制的"哈比"无人机是一种典型的自杀式攻击无人机。"哈比"无人机通常利用助推火箭从地面或车载箱式容器内发射升空，按事先规划的航线飞向目标所在区域，在目标区上空盘旋，同时利用安装在无人机上的雷达信号感应器搜索探测敌方雷达信号。当感应器接收到敌雷达探测信号时，"哈比"无人机立即自主飞向敌雷达系统，运用自身携带的高爆炸药实施精准攻击、与目标同归于尽。"哈比"无人机的名字取自希腊神话中的鸟身女妖"哈耳庇厄"，又被称为"空中女妖"。

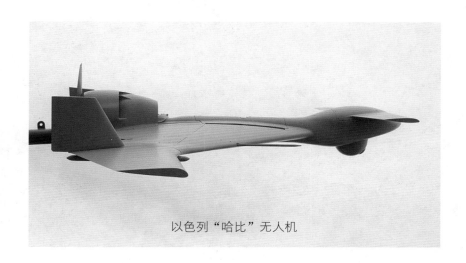

以色列"哈比"无人机

具有类似作战功能的自杀式攻击无人机还有中国研制的"飞鸿"-901、美国研制的"弹簧刀"、俄罗斯研制的"柳叶刀"等。

美国于1994年开发了"捕食者"无人机。它最初被设计为无人侦察机，后来被改进升级为同时具有侦察和打击功能的察打一体无人机。"捕食者"无人机采用轮式起降，可在经过简单准备后的地面上起飞升空，通过搭载摄像机、合成孔径雷达、电子对抗装置、运动目标指示器及"海尔法"导弹等多种任务载荷，实施侦察、打击等作战行动。"捕食者"无人机的改进版"死神"无人机，在作战任务半径和搭载任务载荷种类上都有很大提升，它的最大作战半径可达2900千米，并可实现察打一体的功能。

美国"蝙蝠"无人机

英国"雷神"无人机

中国"翼龙"无人机

以色列"赫尔墨斯"无人机

德国"矢量"无人机

以色列"哈洛普"无人机

俄罗斯"柳叶刀"无人机

中国"飞鸿"无人机

美国"弹簧刀"无人机

"死神"无人机具有优异的性能，美国持续不断地对其进行升级改进，陆续研制了"牵牛星""水手""复仇者"等系列无人机。世界其他国家具有类似作战功能的察打一体无人机也不少，如中国研制的"彩虹""翼龙"系列无人机，俄罗斯研制的"猎户座"无人机，土耳其的"旗手"无人机等。

随着隐身技术在无人机领域的应用，隐身作战无人机又成为许多国家研发的重点。美国、英国、俄罗斯和欧盟等国家及地区陆续研制出一批具有代表性的机型，如美国研制的 X—47B 无人机，英国研制的"雷神"无人机，俄罗斯研制的"猎人"－B 无人机，法国与意大利、希腊、西班牙、瑞士、瑞典联合研制的"神经元"无人机等。

这些无人机大都采用可吸收雷达波的材料，利用没有凸出或凹角的外形减少对雷达波的反射，能在不辐射电波的情况下，悄悄地通过配备先进的光电设备探测目标，并依靠其出众的隐蔽性，对战场目标实施突然打击。

由于隐身作战无人机具备隐身功能，它具有更强的战场生存能力。随着作战功能载荷的日趋多样化发展，隐身作战无人机将成为未来军用无人机家族更为重要的成员。

无人机
作战方式

· 无人机体系化作战

· 无人机精确打击

· 无人机侦察作战

无人机在越南战争中取得成功以后，陆续在后来的局部战争或军事冲突中有了越来越多的"亮相"。从第五次中东战争到海湾战争，从科索沃战争到阿富汗战争，从纳卡冲突到俄乌冲突等，无人机已演变成空中作战的"多面手"，成为现代战争中不可或缺的作战装备。在侦察作战、精确打击与体系化作战运用等方面，无人机留下了许多"血"与"火"的故事。

〉无人机侦察作战

"知彼知己，百战不殆。"《孙子兵法》中的这句话深刻地揭示了侦察情报在战争胜负中的重要意义。说到侦察情报，你可能会想到《007》《碟中谍》《潜伏》等影视剧中精彩纷呈的谍战故事。然而，侦察不仅包括间谍之间的斗争，还包括利用望远镜、雷达、通信窃听等现代技术手段，在陆海空天战场的侦察作战活动。当前，无人机已成为颠覆传统空中侦察作战方式的重要力量，在情报搜集方面具有无可比拟的优势。

无人机侦察作战就是利用无人机平台搭载各种侦察设备，飞到战场去获取各种情报信息，并将情报信息分送给作战指挥中心或作战终端等，为作战指挥与行动等提供情报保障。无人机不仅可通过搭载照相机、摄像仪、雷达等设备，获取战场目标图像信息，也可通过拦截对方通信、雷达、导航等无线电信号，获取战场目标位置和特征等信息，还可利用通信窃听设备截获对方无线电信息，获取具体通信内容信息等。

　　早期的无人侦察机需回收后取出照相胶卷,从开始侦察到提供情报保障的时间较长。20世纪70年代后,集成电路和数据链路通信技术的发展给无人机应用带来重大机遇。以色列研制的"侦察兵"无人机等通过数据链路进行信息传输,实现无人机侦察获取情报信息及时回传,提高了情报信息保障的时效性,实时引导炮兵火力打击等。

　　20世纪90年代以后,在海湾战争、阿富汗战争、伊拉克战争等局部战争或军事冲突中,无人机侦察得到频繁应用,发

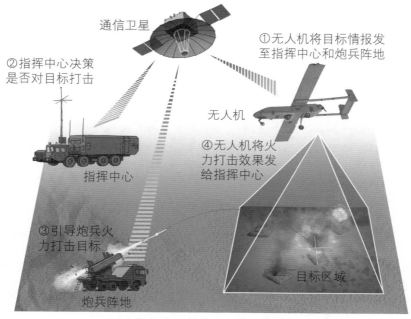

无人机侦察引导炮兵打击目标示意图

挥了重要作用。在海湾战争中，多国部队出动无人机在伊拉克军事前沿阵地上空昼夜实施侦察，提供了大量实时图像和目标位置，引导地面部队摧毁伊拉克军事阵地。在阿富汗和伊拉克战场上，美国通过"捕食者"无人机对夜幕笼罩的战场进行扫描，利用可穿透云层且不受夜暗影响的雷达对战场进行密切监视。即使在伸手不见五指的夜晚，战场动态也同样在无人机的侦察掌握之中。在千里之外，美国本土的无人机指挥控制中心则完全不受黑暗影响，因为显示器已将各类情报信息同步呈现：其中一些显示器实时呈现战场及周围的气象情况（因为无人机需要避免在雨雪或强风等不利气象条件下执行任务），一些显示器实时呈现每一架无人机的具体位置和运行状态，更重要的是还有一些显示器实时呈现无人机传回来的各种情报信息，包括无人机扫描路边炸弹、树林或房子内隐藏的人员等。这些情报信息不仅显示在无人机指挥控制中心，还可以实时传送到一线地面部队的手持显示系统，让他们据此确认目标并采取各种相应的作战行动。

在阿富汗战争期间，美军于 2001 年首次部署了"全球鹰"无人机，用于执行远程、高空、广域、持久的情报、侦察与监视任务。此后，这种无人机便活跃在伊拉克战争、利比亚战争等许多军事行动中。在伊拉克战争中，"全球鹰"无人机共执行了 10 余次飞行任务，拍摄了约 4800 幅图像，为打击伊拉克防空系统等提供了大量的目标数据。据说"全球鹰"无人机不需要借助机场导航系统即可起飞、越洋飞行和着陆，可在1.8万米高空连续飞行32小时以上，并可透过云层收集如鞋盒般大小目标的数据。它的飞行高度大概相当于民航客机巡航高度的两倍，几乎可在全球执行侦察作战任务。

总体来看，无人机侦察作战已成为现代战场的重要"开路先锋"。在陆战场，无人机可对地面目标实施侦察监视，并引导炮兵、航空兵、导弹部队等进行火力打击。在海战场，无人机可携带多种侦察监视传感器，执行对海搜索、预警、反潜、反舰等任务；也可通过声呐浮标或其他设备确认敌方目标，将目标方位等情报信息回传给舰队指挥官，引导火力对目标实施摧毁。在空战场，无人机可实施空中侦察、搜索、电子欺骗干扰等多种任务，还可发挥没有人员伤亡的优势在前面冲锋陷阵，为其他战机提供侦察情报信息共享服务。

飞机名片

"全球鹰"无人机

类别：无人侦察机

机长：14.5 米

翼展：39.9 米

机高：4.7 米

最大起飞重量：14628 千克

无人机精确打击

杜甫诗云："射人先射马，擒贼先擒王。"也就是说，在作战中善于抓住关键，就可以快速有效地实现目标。运用无人机实施精确打击，往往能够实现"射马"与"擒王"等关键性制胜效果，不仅可给对手造成较大损失，同时还可带来强大的精神压力和社会舆论影响。

2001年11月，美国在阿富汗战场首次使用"捕食者"无人机发射"地狱火"导弹，袭击了阿富汗基地组织军事首脑穆

美国"捕食者"无人机

罕默德·阿提夫，开启了使用无人机精确打击的新型作战模式。此后，美国在伊拉克、阿富汗等军事行动或低强度冲突中，多次使用无人机实施精确打击，且频频得手。

2020 年 1 月，美国使用"死神"无人机精准袭击了伊朗的卡西姆·苏莱曼尼将军，令人震惊。苏莱曼尼在伊朗和中东地区拥有很高的声望，早已成为美国情报部门的重要目标。当地时间 2020 年 1 月 2 日午夜，苏莱曼尼从叙利亚大马士革出发，飞往伊拉克巴格达进行秘密访问。殊不知，无孔不入的美国情报部门早在 2019 年 12 月底就获得了苏莱曼尼即将秘密出访伊拉克的确切信息，认为利用苏莱曼尼出访之机对其实施精确打击是绝佳时机。

事实上，对苏莱曼尼实施精确打击并不容易。除了受袭击时机、精准情报保障等条件限制外，合适的武器装备更是决定

飞机名片

"死神"无人机

类别：察打一体无人机

机长：11.0 米

翼展：20.0 米

机身高度：3.8 米

最大起飞重量：4760 千克

行动成败的关键因素，必须具备行动所需的火力射程、精度、隐蔽性、实时响应等能力。为此，美国选用了最先进的"死神"无人机。这是一种同时具有侦察与打击功能的高性能无人机，可在万米高空发射导弹，具有很好的精准性和隐蔽性，而且可通过使用微波直连和卫星中继两种通信方式，让无人机操作手在千里之外完成操控任务，战场响应时间极快。

1月3日凌晨，苏莱曼尼乘飞机顺利抵达伊拉克巴格达国际机场，在夜幕掩盖下见到了已在机场迎接他的老朋友阿布·迈赫迪·穆汉迪斯。此时，美国一架"死神"无人机早已飞抵机场附近，正在高空盘旋侦察。通过高清热成像摄像机等多种先进的侦察监视设备，黑夜中的苏莱曼尼、穆汉迪斯及其随员的行动早已被"死神"无人机尽收眼底。

当苏莱曼尼等人分乘两辆汽车驶出机场，向巴格达"绿区"行驶时，"死神"无人机立即锁定目标，先后发射了3枚高精度"地狱火"导弹，精准命中了苏莱曼尼的车队，造成包括苏莱曼尼与穆汉迪斯在内10人死亡。

然而，使用无人机实施精确火力打击已经不再是美国的"专利"，世界许多国家（地区）的武装力量也纷纷开始效仿实践。在2020年阿塞拜疆与亚美尼亚的纳卡冲突中，一架阿塞拜疆攻击无人机锁定了亚美尼亚部署在两栋民房之间的"道

"地狱火"导弹不仅可以攻击坦克、装甲车，还能攻击其他坚固的点目标。

尔"－M2KM 防空导弹系统，并成功发射了精确制导导弹，精准摧毁了目标。在 2022 年爆发的俄罗斯与乌克兰冲突中，俄乌双方都大量使用自杀式无人机实施精确打击等作战方式。这些事件表明，无人机精确打击已成为现代战争或冲突的重要特征，并将在未来战争或冲突中发挥越来越重要的作用。

❯ 无人机体系化作战

众所周知，体系与体系的对抗是现代战争的重要特征，体系制胜已成为现代战争制胜客观规律。无人机在侦察作战、精确打击等方面具有优异的表现。如果能够将无人机融入联合作战体系、实现体系化作战运用，其作战运用效果将会更上一个台阶。许多国家（地区）的武装力量通过灵活运用无人机的侦察作战、精确打击、引诱欺骗等多种能力，不断创新体系化作战运用方式，取得了很多成功的经验做法。

所谓无人机体系化作战运用，就是将无人机与其他各种作战力量综合考虑，对各种作战力量进行精心计划与协调，实现各种作战行动密切协同配合，充分发挥各自优势形成整体作战的合力。在贝卡谷地战役中，以色列对多种无人机进行了精心的编排。以色列首先运用"侦察兵"无人机远远地对叙利亚的防空阵地实施侦察，并诱使叙利亚防空雷达开机获取其电子情报信息，然后运用携带雷达波反射器的诱饵无人机，"扮演"

1 大量无人机充当诱饵

2 引诱对方防空火力射击，消耗其防空资源。

3 无人机释放电磁干扰，令对方防空系统瘫痪。

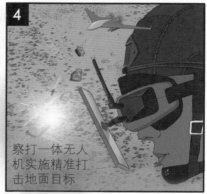

4 察打一体无人机实施精准打击地面目标

5 自杀式无人机攻击地面防空雷达系统

6 无人机进行战场评估

战斗机成群结队地飞进叙利亚防空导弹火力圈，吸引叙利亚防空导弹火力，消耗其防空导弹资源，同时运用电子战飞机对叙利亚防空雷达和无线电指挥通信实施干扰，基本瘫痪了叙利亚防空作战指挥系统。此后，以色列战机携带"百舌鸟"反辐射导弹，并协同运用"狼"式地对地导弹，对叙利亚"萨姆"防空导弹阵地实施猛烈攻击，在不到 6 分钟的时间内，摧毁了叙利亚 19 个"萨姆"防空导弹阵地。以色列这种巧妙地运用无人机协同战机、地对地导弹成功袭击叙利亚防空导弹阵地的作战方式，开创了大量综合运用无人机作战的先例，显示出无人机体系化作战运用的雏形，颠覆了传统的空中作战模式，取得了出乎意料的作战效果。

在纳卡冲突中，阿塞拜疆军队大量投入、灵活运用多种类型无人机，形成了密切配合的体系化协同作战，使得亚美尼亚的防空系统很快就被压垮、地面作战力量损失惨重。首先，阿塞拜疆运用大量造价低廉的安 −2 无人机充当诱饵，诱使亚美尼亚防空武器开火射击，既暴露了亚美尼亚防空阵地位置，又消耗了其有限的防空导弹资源。然后，阿塞拜疆运用从土耳其引进的"旗手"察打一体无人机实施精准攻击，清除亚美尼亚雷达和电子战设施，打击其装甲车辆、士兵阵地等。同时，阿塞拜疆运用"哈洛普"自杀式无人机攻击亚美尼亚防空雷达系统。此外，阿塞拜疆还使用"赫尔墨斯"长程无人侦察机、"搜索者"中程无人侦察机和"人造卫星"短程无人侦察机等承担战场侦察与评估任务，为其进攻作战行动提供情报信息保障。客观地讲，阿塞拜疆在无人机运用方面虽然形成了压倒性优势，但其无人机并没有完全融入联合作战体系，无人机与地面进攻作战的协同效率还不是很高。亚美尼亚在被动组织反无人机作战的同时，运用无人机引导炮兵对阿方地面目标实施火力打击等，也取得了显著战果。纳卡冲突中无人机的运用情况表明，阿塞拜疆这种大量运用低成本、可消耗无人机，对火炮、坦克和防空系统等战场目标实施饱和式复合攻击，可以在战场上形成压倒性的制胜优势，揭示了无人机体系化作战运用演变的特点规律。

在俄乌冲突中，俄罗斯与乌克兰双方都使用了多种无人机执行侦察监视、精确打击和自杀式攻击等作战任务，这是继纳卡冲突之后的又一次高强度无人机攻防对抗战例。俄罗斯主要使用了"海雕"-10和"海雕"-30无人侦察机，"猎户座"和"前哨"-R察打一体无人机，以及KUB-BLA自杀式无人机等。乌克兰主要使用了"天空"和"莱莱卡"-100无人侦察机，"旗手"察打一体无人机，以及"弹簧刀"-300和"弹簧刀"-600自杀式无人机等。双方已投入数十种型号、数万架无人机，对战场态势产生了较大影响。客观地讲，俄乌双方虽然都投入了数量规模较大的无人机进行作战，但双方无人机也没有完全融入联合作战体系，体系化作战运用效率也不高，大型高端无人机尚未大规模出现在战场，中小型无人机的创新组合使用也并不多见，并没有形成无人机作战的压倒性优势效果。但毫无疑问，无人机的大规模运用已成为俄乌冲突中消耗战的重要变量，值得关注与思考。

以上主要分析了贝卡谷地战役、阿亚纳卡冲突和俄乌冲突等无人机体系化作战运用的典型案例。在海湾战争、科索沃战争、阿富汗战争等局部战争或冲突中，也有许多无人机体系化作战运用的成功做法，在此不再赘述。总体来看，充分发挥无人机侦察作战、精确打击、引诱欺骗、电子对抗、通信中继、勤务运输等多样化能力，实现无人机深度融入联合作战体系是现代作战方式演进的必然趋势。对此，你有哪些感想呢？

空中机器人大战

- 争夺制空权
- 空中作战的演变
- 智能协同空中作战

你知道吗？当前全球军用无人机的类型已超过 200 种，而且还在不断快速发展。随着智能科技的突破与应用，无人机即将进入智能化发展的新阶段，智能自主无人机将能够胜任更多、更复杂的军事任务，引发空中作战的新变革。

＞ 争夺制空权

随着人类战争由陆战场向空战场延伸发展，制空权理论便应运而生，并日臻完善。所谓制空权，就是在战争中对空中战场使用的控制权，既可保证己方空中作战力量（侦察机、预警机、歼击机、轰炸机以及无人机等）的自由行动，又能限制对方空中力量的运用。如果一方拥有制空权，就可以自由地运用空中力量执行各种任务，给对手实施"降维打击"（即将对手压制在陆战场或海战场内），通过空中侦察获取大量情报信息，通过空中打击实现高效毁歼目标，通过空中机动快速投送作战资源等，迫使对方在空中战场失去还手的能力，从而避免来自对方的空中威胁。如果一方失去制空权，即意味着其不能自由地使用空中力量，不仅难以有效执行空中侦察、空中打击和空中支援保障等任务，还会遭受来自对方的空中侦察和打击，使得陆、海、空等多维作战体系面临更大的压力，甚至面临瘫痪或被摧毁的重大风险。因此，夺取和保持制空权已成为赢得现代战争胜利的重要条件，也将成为研究无人机作战问题的重要基础。

1893 年，英国少校约翰·富勒尔顿曾预言，战争将可能由空中开始，制空权将成为陆上和空中作战的重要前提。1908 年，英国工程师弗雷德里克·兰彻斯特曾论述了制空权对国家安全的重要性。在飞机刚刚问世之初，空中作战方式还比较简单。那时候有人认为，制空权主要是由飞机的数量和性能来决定的，谁拥有更多更好的飞机，谁就能掌握制空权。第一次世界大战期间，大量飞机加入空中战场，激烈的空中作战和防空作战成为争夺制空权的重要实践，大大促进了制空权理论的发展。

1921 年，意大利军事理论家朱里奥·杜黑将军出版的《制空权》一书，标志着制空权理论已趋向成熟。杜黑从战略高度提出了制空权思想，认为飞机在行动上较坦克、火炮等拥有更大的自由度，飞机可以直接飞抵交战国控制的陆地或海洋，摧毁对方的物质资源和军民意志等，迫使对手投降。

1940～1941 年，英国通过夺取制空权赢得了不列颠空战胜利。

　　第二次世界大战期间，为争夺制空权所采取的空中作战和防空作战行动几乎贯穿战争始终，进一步证明了制空权的重要作用。第二次世界大战后，人们逐渐认识到，夺取和保持制空权并不能简单依靠飞机的数量和性能，还取决于一系列复杂激烈的作战活动。精确制导武器、远射程武器等在空中作战和防空作战中的广泛应用，使得争夺制空权的作战力量更加多元，战场更加广阔，行动更加敏捷，夺取和保持制空权需要配备先进的飞机、雷达、导弹等武器装备，且还需要科学合理制订作战方案计划，灵活运用空中作战和防空作战战法等。

　　无人机作为快速发展的新型空中作战兵器，将在争夺制空权的行动中发挥越来越重要的作用。无人机可充当诱饵消耗对方防空作战资源，还可实施空中侦察预警、机动掩护、穿透式打击等多样化作战行动。

　　随着无人机飞行智能控制、超高空超高速机动、集群运用等先进技术的快速突破，无人机将在空天一体融合、高空高速机动作战、大规模集群作战等方面颠覆传统的模式，在侦察预警、对地对海攻击、空中交战等行动中将发挥更加重要的作用，为赢得未来战争胜利创造更多有利的条件。

空中作战的演变

　　为更好地认知无人机在未来空中作战的应用，我们先了解一下空中作战的演变过程，再揭开无人机如何改变空中作战形态的奥秘。

　　最初空中作战的武器和战术都非常简单，飞行员通常一边驾驶飞机，一边使用机枪等武器攻击敌人。因此，这个阶段被称为空中枪战阶段。由于当时的航空技术相对落后，空中交战的威胁不仅来自敌人的攻击，而且还包括空中的低温、强气流和氧气不足等恶劣的环境因素。

　　空中枪战阶段较为短暂，很快就进入了空中航炮交战阶段。航炮交战阶段持续到20世纪中叶。所谓航炮交战，就是在飞机上安装火炮，从空中攻击对手。相较在空中使用枪械作战，航炮具有更高的射击精度与稳定性，更大的射程与威力。航炮交战主要依靠飞机的速度、机动性和飞行员实施战术攻击的时机，对飞行员眼睛的观察力和大脑的注意力、反应速度等具有很高的要求。但是，人眼观察的距离、范围和大脑的注意力、反应速度等都是有生理局限性的。为此，王牌飞行员便可利用这一点，从对手视线盲区偷偷接近，快速发动攻击，然后迅速脱离对手。1952年2月，在抗美援朝战场上，中国飞行员张积慧正是运用这一战术，在单志玉驾驶僚机的掩护下，成功击落了美国王牌飞行员乔治·戴维斯的战机。

20世纪50年代中期，为摆脱航炮交战阶段飞机对速度和机动能力的依赖，美国、苏联等国家成功研制出空空导弹，空中作战进入导弹交战阶段。尽管导弹与航炮相比，在攻击能力上具有飞跃性的变化，不仅提高了空中攻击距离，而且攻击的时间、空间限制条件也更为宽松，但飞行员的生理局限性仍然面临许多挑战。当飞机以高速飞行或大过载机动时，飞行员在承受高过载的情况下进行各种操作，可能会影响他们的决策和反应速度。同时，他们还需随时掌握敌人的位置和动向，如果遇到敌人袭击，必须保持清醒和冷静，在极短时间内采取应变处置，对瞬时变化要有足够的反应速度和精准度。这通常会对飞行员的身心素质和认知能力提出很高的要求。

20世纪80年代以来，机载雷达、数据通信、导航定位、飞行控制等信息技术的快速发展，加剧了空中作战敌对双方在信息获取、处理、传输和使用等方面的较量。空中作战进入了信

3 张积慧紧追戴维斯驾驶的1号敌机，在距敌600米时开炮将其击落。

2 张积慧率单志玉急转反扣机动至敌后上方

1 长机张积慧和僚机单志玉发现8架敌机右转向尾后袭来

息制胜阶段,强调发挥信息优势实现"先敌发现、先敌发射、先敌命中"的制胜原则。同时,由于信息技术等现代科技的大量应用,无人机飞行控制、导航定位、信息获取与传输等关键技术不断取得突破,无人机作战应用的技战术性能得到不断提升。于是,越来越多的无人机被投入战场,并逐渐成为空中战场不可或缺的重要力量。可以说,无人机的发展与应用完全契合了信息化作战的时代潮流。由于卫星通信、机动和固定通信链路技术等发展与应用,无人机系统可实现与指挥中心、飞行控制站以及无人机之间的远距离组网,共享战场信息。无人机操作手可远程操控无人机实施侦察作战,充分发挥无人机人员伤亡风险低、抗过载能力强、价格低可消耗、续航时限小,并且能执行高风险任务等优势,更加及时地发现敌方的行动和意图,积极主动地采取战术行动,进而夺取空中作战的主动权。

近年来,随着人工智能、大数据、智联网络等科学技术的"井喷式"发展,航空平台之间将实现更深程度的智能互联互通、更广范围的协同增能。未来空中作战将进入认知制胜阶段,强调追求发挥智能优势实现"先敌认知、先敌决策、先敌毁瘫"的制胜原则。智能协同作战将成为其最为显著的特点。在空中作战认知制胜阶段,无人机将发挥更加重要的作用。虽然未来智能无人机能否取代有人驾驶飞机自主执行更加复杂的作战任务尚无定论，但构建有人驾驶飞机与无人机协同编队作战体系，可形成超越传统有人驾驶飞机编队作战能力，早已成为共识。

从进攻的角度来看，这种运用方式以高端的有人驾驶战斗机平台为核心，可构建弹性、动态、灵活、复杂的综合火力与电磁杀伤网，发挥有人与无人混合智能优势，在充分运用无人机迷惑对手的同时，执行多种复杂的作战使命任务。

从防守角度来看，将高端的有人驾驶战斗机平台保护在低成本的无人机群之中，既可保证高端有人驾驶战斗机平台的生存力，又可充分发挥整个作战体系的高端功能。

从成本代价来看，无人机相对有人驾驶飞机来说是低成本、可消耗的。比如，1架"捕食者"无人机价格约450万美元，听起来似乎也很贵，但与高端有人驾驶战斗机相比，它的造价却很低。1架F-22战斗机的价格相当于85架"捕食者"无人机的总和。更重要的是，运用无人机作战不会有飞行员伤亡的风险。

由此看来，智能协同将成为空中作战认知制胜阶段的突出特点。智能无人机将成为空中作战机器人装备，开启空中智能机器人大战的新模式。

有人驾驶飞机与无人僚机协同作战

智能协同空中作战

在科幻电影《阿凡达》中，你是否曾经被一幅画面深深震撼：有人驾驶战机与无人机默契配合，像一曲精准而猛烈的乐章，轮番奏响攻击的旋律。科技的进步不仅可帮助我们在战场上赢得更多优势，而且还将使未来战争超出常人的想象。当你在惊叹其精准攻击和快速反应的同时，是否会产生疑问，这些飞机真的能够实现如此默契的配合吗？

事实上，实现多架飞机按照一定的队形排列编组飞行，始终保持精准的前后、左右和上下的间隔以及协调一致的飞行速度与航向，确实很不容易。其关键在于协同。所谓协同，就是相互配合。也就是说，编队中每一架飞机都要按照一系列科学合理的协同规则，通过运用精准高效的协同控制技术，实现相互之间的默契配合。

目前，比较常见的编队飞行方式是建立"等级制"的协同规则，确定 1 架飞机为"长机"，担任主导角色，负责带领其他飞机完成任务。编队内其他若干架担任辅助角色、跟随长机完成任务的飞机称为"僚机"。在作战中，如果长机和僚机之间信息链路不畅，就会影响情报信息和位置数据的共享，使驾驶员难以及时有效地做出决策，实施操作控制，导致长机和僚机配合不好，错失打击机会，严重时还可能出现撞机事故，影响编队的整体作战效能。

对于有人驾驶飞机编队来说，通常是由驾机作战技能最过硬的飞行员驾驶长机，指挥和带领僚机共同完成作战任务。如果飞行员的飞行技能不过关，就可能导致编队飞行动作不协调。因此，飞行员的充分训练和飞行员间的有效沟通是确保编队顺利飞行的前提。

然而，有人驾驶飞机与无人机协同编队的情况更为复杂。由于有人驾驶飞机和无人机在技术发展上存在较大差异，加之受到飞机通信链路、信息共享程度以及无人机飞行控制技术水平等条件的制约，目前有人驾驶飞机与无人机协同编队通常有三种典型的运用模式。

第一种模式是后方控制协同模式。这种模式通常是在有人驾驶飞机与无人机之间还没有建立直通信息链路时选用。此时有人驾驶飞机不仅不能直接操作控制无人机的行动，也不能实时分享无人机获取的信息。在这种模式下，有人驾驶飞机与无人机的协同作战是通过后方控制站来实现的。通常是有人驾驶飞机将自己的行动计划、作战需求以及飞行状态等信息发送给后方无人机控制站，后方无人机控制站则根据协同作战需求操作控制无人机所有行动，并将所获取的战场图像、数据等分发给有人驾驶飞机作战运用。这种协同模式较为初级，信息传输链路较长，协同效率也比较低。

第二种模式是信息前方直接交互、行动后方控制协同模式。顾名思义，这种模式就是有人驾驶飞机可以在前方共享无人机获取的作战信息，比如目标图像、数据等，而无人机的行动控制仍然通过后方控制站来实现。在这种模式下，有人驾驶飞机与无人机之间已建立起直通信息链路，实现了直接"对话"，但由于无人机操作手远离战场，操作控制的即时性仍然会受到较大影响。相较于第一种模式，第二种模式已经缩短了

✈ 飞机名片

"猎人"无人机

类别：无人作战飞机

机长：14.0 米

翼展：19.0 米

机身高度：3.3 米

最大起飞重量：25000 千克

作战信息的交互链路，提高了协同作战的效率。

第三种模式是有人驾驶飞机与无人机一体编组协同模式。在这种模式下，有人驾驶飞机不仅可以分享无人机的所有信息，而且还可以直接控制无人机，必要时可直接控制无人机的飞行与作战行动。这种模式要求有人驾驶飞机与无人机之间具备很好的互操作能力，在任务载荷等方面具有很好的匹配度，同时也需要无人机具有很好的飞行性能，并且具有一定自主行动能力。随着智能科技的快速发展与应用，智能无人机将可在未来战争中承担越来越多的作战任务，通过有人驾驶飞机实现对无人机编队的智能控制，必将成为未来空中协同作战的发展方向。

"展翅闹云端，风高不惧寒。飞鸢惊铁马，战地起硝烟。"无人机自从走进战场，就打开了战争的"潘多拉"魔盒。远离战场的无人机操作手像玩电脑游戏一样，悄悄地操控无人机便可透视战场、发起致命的袭击，从而降低军事冲突的门槛。因此，随着无人机的快速发展与大量运用，在未来战争中，谁拥有更多、更优的无人机装备，并且拥有更加灵活的作战创意，谁就可能赢得更大的空中制胜优势。美国预测，2040 年，完全自主的无人机将进入争夺制空权的主战场，空中机器人大战即将到来，你准备好了吗？

航空运输
新奇兵

· 航空货运新变革

· 低空快递『飞哥』

· 低空无人驾驶巴士

当你在逛超市的时候，或许会被各种来自不同产地的新鲜水果蔬菜、特色风味食品等商品所吸引。这些商品之所以能够既快捷又新鲜地运送到超市，多亏有各种运输工具。随着无人机的大量应用，很多专家认为，它将给物流运输行业带来巨大的变革，甚至可以将新鲜的水果、蔬菜等直接从农场送到家家户户。

航空货运新变革

运输行业是经济社会发展的重要基础。我们几乎随时可见穿梭往来的汽车，呼啸奔驰的火车，劈波斩浪的船艇，还有翱翔长空的飞机。正是这些各种各样的运输工具，把我们生产的品类繁多的货物运往世界各地，同时又把我们所需的物资从世界各地运到身边来，促进了世界贸易和商业的繁荣发展。

现有运输工具带来的便利并没有让我们停止前行的脚步，无人机运输业务正在引发航空货运的深刻变革，即将给我们带来更多更大的惊喜。

试想这样一个场景：工作人员先将货物放入无人机货舱，无人机根据事先规划好的航线，或按照货物运送目的地自主规划航线，自行起飞、调整航向和飞行高度。到达预定目的地空域后，无人机精确地对准机场跑道或着陆点位置，安全降落，然后开启货舱门，让工作人员能够快速卸货。

这个场景并不是遥远的梦想，而是眼前的事实。2022 年

2017 年 10 月，中国大型货运无人机 AT200 成功首飞。

4 月 1 日下午，"鸿雁"无人机装载着 300 千克新鲜农副产品，从新疆生产建设兵团第一师阿拉尔市蓝泊湾机场起飞，历时 2 小时 19 分，成功降落在第三师图木舒克市河东机场，标志着从阿拉尔市到图木舒克市的大型货运无人机运输航线成功开通。此后，又有多条大型货运无人机运输航线陆续开通。

"鸿雁"无人机在 2020 年 11 月已获得中国民用航空局颁发的无人机系统设计生产批准函，是中国首个通过适航审定的民用大型无人机系统。无独有偶，另一型无人机"飞鸿"-98 也于 2021 年 4 月获得了中国民用航空局颁发的无人机系统设计生产批准函，实现量产并已投入运营。两型无人机都是在现有

运 –5B 飞行平台基础上研制改进的，具有较为广阔的运用前景。

事实上，除上述两种在现有飞行平台基础上研改的大型无人机外，近年来国内外许多无人机企业或物流企业等纷纷布局大型无人机货运业务，取得了很大的进展。中国京东集团推出了"京蜓"无人运输机，中国航空工业集团推出了 TP500 无人运输机，美国无人机制造商推出了垂直起降货运无人机等。

为什么无人机货运业务会受到如此青睐呢？

相较有人驾驶飞机，无人机上没有飞机驾驶员，所以在设计机舱时不用考虑增压供氧的需求，也不用考虑设计透明的窗户。因此，无人机不仅造价更加便宜，而且在货物装载能力上也可有所提升。同时，无人机通常具有优异的短距或简易跑道起降能力，适用于许多中小型机场或简易跑道，可依托现有通用航空管理保障体系，盘活现有通用航空机场资源。此外，

✈ 飞机名片

"京鸿"无人机

类别：无人运输机

机长：7.0 米

翼展：10.1 米

机身高度：2.6 米

最大起飞重量：810 千克

无人机还可在夜间民航航线空闲时运送货物，降低与有人驾驶飞机竞争航线的需求，提升机场、航线等航空资源的整体利用率。

相较汽车，无人机更为快捷、高效，在运送时效上具有无可比拟的优势。过去依靠汽车运送通常需要几十分钟才能完成的任务，如果利用无人机运送则只需几分钟，并且还不用考虑道路拥堵的影响。

目前，受限于配套政策、运营条件等因素，无人机货运还只是迈出了一小步。但从长远看来，随着大型货运无人机的大规模使用，无人机货运不仅会大大降低物流成本，而且也会大幅提升运输效率。无人机货运的"春天"一定会到来。

2024 年 4 月 12 日，粤港澳大湾区首条跨海低空物流商业化航线启动。

低空快递"飞哥"

在这个快节奏的时代，拆快递是我们再熟悉不过的日常体验。然而，每个快递箱的背后，是数不清的快递员付出的辛勤劳动。事实上，正如红细胞可以为人体组织运送养分那样，快递员已成为连接我们个体与社会的一种纽带，在现代经济社会发展中扮演着越来越重要的角色。

传统的快递业务通常受道路交通的影响较大，是一种劳动强度较高且烦琐枯燥的行业，在发展中还存在较多困境。在传统的物流配送中，快递员通常需要驾驶车辆或通过骑行来进行货物运送，往往会受到道路交通状况的影响。道路施工、交通拥堵等情况都会导致快递运送的延迟。同时，许多快递员在工作中需要长时间站立或骑行，从事装卸、搬运货物等较为繁重的体力劳动。为了满足客户的日常需求，快递员在周末、节假日也需要工作，有时甚至需要工作到深夜。长时间的辛苦工作可能会导致身体疲劳和压力增大，从而影响身体健康。

对于快递公司来说，用于支付快递人员的工资、保险等相关费用也在与日俱增，人力成本的不断增长会导致快递物流成本不断攀升。

随着无人机快递的兴起，一些传统快递业务的困境便可迎刃而解。无人机运行占用空间较小、机动性较强，且不受道路交通情况的影响，可以在较短时间内完成物流配送任务，并且还可以降低快递运营的人力成本，因此受到许多物流企业和消费者的欢迎。顺丰、京东、迅蚁、美团、谷歌、沃尔玛、亚马逊等国内外许多企业纷纷开展无人机快递业务测试，有的已进入了商业化运营阶段。

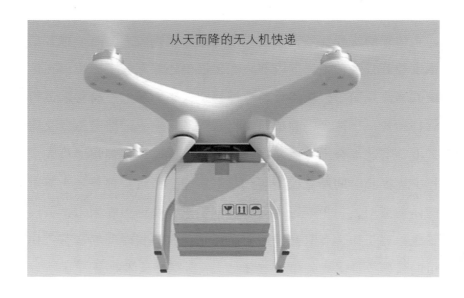
从天而降的无人机快递

无人机可在较短时间内完成物流配送任务

　　无人机快递业务通常包括电商送货、外卖送餐、转送快递等多种运营场景，不同运营场景虽然存在一些差异，但基本原理是一致的。首先需要建立一个无人机物流配送中心，由配送中心按照客户的电商订单装载货物。这个配送中心通常应包括无人机地面控制站、起飞和降落区、维修保养区、货物存储与装载区等功能区域。无人机会按照客户订单约定的交付目的地与交付方式，规划航线并自行起飞送货。快递配送无人机通常在不超过1000千米的低空飞行，需要避开交通繁忙或人员聚集的区域。当无人机飞抵目的地空域后，即可在无人机交付中心降落，将货物投放在交付中心，还可按照客户的约定降落在

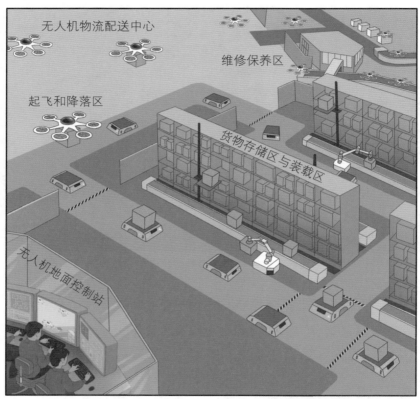

客户住宅的窗台、私家车后备厢等位置，直接将货物交付给客户。无人机完成货物交付后便可垂直爬升，并按照预先规划的路线返回。

当前，无人机快递业务测试与运营已经取得较大的进展，可替代部分传统的人工快递作业，缓解客户需求与快递服务能力之间的矛盾。在节假日消费旺季或促销高峰期，运用无人机配送可有效应对因订单剧增、人力短缺、交通拥堵而导致快递"爆仓"的风险。在偏远山区、水网隔离区域或岛屿等陆路不便的地方，无人机还可以用于快递药品等急需物资。此外，无人机配送的成本通常会低于传统人力配送，竞争优势较为明显。

虽然无人机快递业务具有许多优势，但在运营的安全性与可靠性、低空空域规划与监管、民众接受程度等方面还面临许多考验。这些考验涉及因素较多，有技术层面问题，也有管理层面问题，还有民众心理层面问题。毕竟，让无人机快递实现更大规模的运用并不是一件容易的事情。相信随着时间的推移，这项创新的服务必将逐渐得到广泛认可和接受，为人们的生活带来更多便利。

低空无人驾驶巴士

　　科学技术发展与应用产生的结果，有时可能会令人意想不到。也许未来的某一天，在你需要出行时，你可以通过手机APP或网站预约低空无人驾驶巴士服务。只需选择出行起点和终点，移动平台就可根据你的需求航线规划，派出低空无人驾驶巴士前来接驾。这个过程就像我们今天使用打车软件一样。但不同的是，你的旅途将在低空飞行，你所飞越的地面建筑、山川河流将可历历在目，让你的旅途充满更多的诗意和期待。此时你眼前的"湘江北去，橘子洲头""晴川历历汉阳树，芳草萋萋鹦鹉洲"等自然山川景观必将更添一番风味。低空无人驾驶巴士会带给你舒适的环境和温馨的服务，让你完全没有交通拥堵和浪费时间的烦恼。在你下机后，低空无人驾驶巴士还可继续接单，或者飞回基地进行补充能量、维护保养等活动。

　　这种低空无人驾驶巴士服务，不仅可为人们提供一种更加便捷、舒适的出行方式，还将给人们的生活带来许多新的变革。目前低空无人驾驶巴士服务还处于测试和探索阶段。现在有一种电能驱动、具备垂直起降功能的低空飞行器，名叫电动垂直起降飞行器（简称 eVTOL），有望率先成为实现中短途载客服务的低空无人驾驶巴士。

电动垂直起降飞行器虽然体格较小，速度也不是很快（目前时速约 250 千米），但与传统客运飞机相比，它们可在较小的空间内起飞与降落，不需要专用机场和跑道。因此，对于中短途的载客服务需求来说，它们具有高效、便捷的运输能力，也许可以打破传统交通运输工具的市场边界，成为继地铁、巴士、出租车、通用航空等中近程交通工具之后的一种新选择。

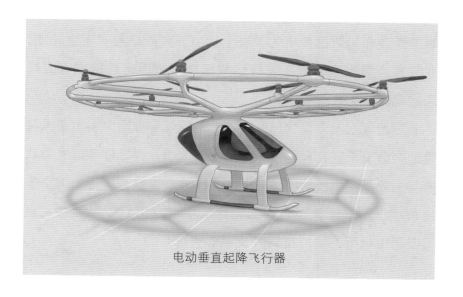

电动垂直起降飞行器

　　与出租车、地铁相比，电动垂直起降飞行器的时效性通常会更高，可以让乘客更快地到达目的地。由于它具有更高的时效性，往往意味着更多的经济成本，为此还需要通过技术与管理创新来进一步降低运行成本。与时效性相近的直升机相比，电动垂直起降飞行器的成本会低很多，它的经济成本只有直升机的10%左右，存在比较明显的成本优势。

　　当然，在分析这类低空无人驾驶巴士的发展前景时，不能仅仅从时效性、经济成本等方面来考量，还需要从运行安全视角来进行充分的验证。虽然人们同样强调货运无人机的安全性，但毕竟货物的价值是可以度量的，而乘客的生命却是无价的。因此，对于未来任何一款低空无人驾驶巴士来说，其设计、制造和运营过程中的每一个环节都要严格遵守安全标准，并且在空域安全管理、飞行运营保障等方面也应采取有力措施，确保民众的生命安全。

　　尽管低空无人驾驶巴士在技术和政策等方面面临一些风险挑战，但由于其具有非常广阔的发展前景，世界许多国家的政府与企业都在积极推进建立国际合作关系，协调推动先进空中出行项目的认证和整合计划。可以预言，我们搭乘低空无人驾驶巴士出行的美好愿景很快就能实现。

社会生产
巧帮手

· 生产巡检安全高效

· 守护绿色森林草地

· 助力现代化生态农业

无人机不仅能给运输行业带来直接的影响，还可广泛应用于农业、林草业以及生产巡检等领域，为解决这些行业既存的劳动力短缺、效率不高等问题提供帮助，让这些工作变得更加安全而高效。那么，它究竟是怎么做到的呢？

助力现代化生态农业

　　农业生产是事关人类社会发展的头等大事。我们平常食用的米、面等粮食，制作衣服用的棉、麻等原料，都离不开农业生产提供的产品。然而，地球可用耕地资源总量是有限的，世界人口规模总量却在不断增长。那么，如何有效利用有限的耕地资源，来满足人们不断增长的农产品需求呢？答案就是发展优质、高效、安全的现代化生态农业。无人机凭借其可实施智

无人机助力"智慧农场"发展

能化生产作业的优势，将在助力现代化生态农业植保作业等方面大有作为。

在传统的农业植保作业中，人们通常采用人工作业或机械化作业方式进行施肥和喷洒农药，不仅费时费力，而且作业方式较为粗放，存在化肥、农药等利用率不高、浪费较大的现象，有可能污染水土资源、破坏生态系统。如果用药量偏多，还有可能出现食品农药残留超标等问题，甚至可能发生施药人员中毒事件。

以 2015 年为例，中国化肥总消耗量达 6022 万吨，是全球化肥用量最高的国家，单位面积化肥平均用量是全球耕地平均值的 3.4 倍。同年，中国农药使用总量达 92.64 万吨，农药有效利用率还不到 39%，而当时世界发达国家的农药有效利用率已达 50% 以上。由此看来，中国农业生产距离高效利用化肥和农药的要求还任重道远。

随着无人机植保作业技术的发展与推广运用，无人机植保作业可有效化解传统农业生产中存在的许多问题，并且已经取得了显著的效果。那么，无人机是如何进行植保作业的呢？

首先，无人机运用高精度遥感探测设备，将农作物生长的耕地按照地理空间位置区分为一块块操作单元，精准获取每块耕地单元的土壤和农作物多光谱数据，形成每块耕地单元的精

墒情报告

虫情报告

物联网信息

作物信息

灾情报告

气象信息

苗情报告

肥情报告

②云平台进行农业
生产大数据分析

①无人机感知
耕地土壤和作
物生长情况

③无人机实施精准施
肥、喷药生产作业

农业无人机工作过程示意图

确空间图像，实时感知农作物生长的气象条件、耕地肥力和长势状态，作为对农作物实施精准植保的数据依据。

如果农作物缺乏营养，它们就可能会发育不良或生病。这些症状可能会直接体现在植被高度、叶面积指数等多光谱数据上。那么，无人机通过搭载多光谱相机等传感器，就能采集到农作物的多光谱图像数据，并传输给云平台数据分析处理中心，与农作物正常生长数据进行对比，就可以知道农作物的生长状况。

然后，依托云平台内的精准农业数据分析处理中心，对每块耕地单元的农作物多光谱数据以及环境数据等进行综合融合，深度分析每块耕地单元的土壤水分、肥力、作物长势、病虫害等情况，按照平衡土壤肥力、提高农作物产量的目标，科学调节对每块耕地单元农作物施肥、施药的用量与方法，自动生成无人机施肥、施药等作业指令。此时，无人机便可按照指令对每块耕地单元的农作物，实施精准的施肥或施药作业。

这种精准的田间管理可更好地发挥耕地资源潜力，提高农作物的产量和品质，降低生产成本，减少生产活动带来的环境污染，实现优质、高产、低耗和环保的可持续农业发展目标。

近年来，国内外很多企业都对智能化、无人化的现代生态农业生产管理方案进行了尝试，并取得了很大的进展。2018

年，中国极飞科技的植保无人机运用农田人工智能处方图技术，对棉田进行细致的作业分析与脱叶剂喷洒的参数规划，实现有针对性地精细化喷洒用药。2021 年，他们利用无人机已经可以对 3000 亩高标准棉田进行无人化管理。

总体来看，经过十几年的发展，世界许多国家无人机农业应用已取得显著成效。2022 年，中国农业无人机累计作业量超过 18 亿亩次。未来，随着技术的不断发展和应用，无人机将在农业生产中扮演越来越重要的角色。

飞机名片

极飞 P100 Pro 无人机

类别：农业无人机

桨叶展开尺寸：2927×2868×323 毫米

叶折叠尺寸：893×1095×345 毫米

对称电机轴距：2094 毫米

最大起飞重量：96 千克

守护绿色森林草地

　　森林和草地是自然生态系统的重要组成部分，好像地球的"肺"一样，可以通过光合作用吸收空气中的二氧化碳、释放氧气，还可以阻挡和吸附飞扬的沙尘，甚至还可起到吸附有害气体和杀菌等作用，对净化空气、维护良好的生态环境具有重要意义。

　　然而，森林和草地时而会遭到火灾、病虫灾害以及人类的破坏，守护地球绿色之"肺"总会面临许多的挑战。

　　火灾是森林和草地所面临的最大威胁之一。一旦发生火灾，大片的植被会被摧毁，使得土壤质量下降，水源减少，生态系统受到严重破坏，对野生动物和植物的生存、繁殖或迁徙造成极大的影响。森林和草地的火灾同样会对人们的生命财产安全造成严重威胁。

　　为此，做好林草火情监测防控尤为重要。无人机在林草火情监测与救援指挥调度方面，具有视野开阔、反应速度快、定位精度高、受地理条件影响较小、人员伤亡风险较低等许多独特的优势。无人机可协助林草管理人员进行日常巡护工作，实时监测森林草地气候变化、空气湿度、大气压力等情况，提供预防火灾监控数据等，辅助预判发生火灾的风险。当发现火情时，无人机可通过航拍视频或图像，精确定位火情发生位置，精准计算着火面积，并预测火情蔓延的趋势。消防人员可操控无人机快速到达火灾现场空域，通过投撒灭火粉剂等方式实施灭火救灾，还可快速调度其他救援力量前来扑救。

　　病虫灾害也是威胁林草健康的重要因素，被称为"不冒烟的火灾"，同样会造成林草资源的严重破坏。传统防治病虫灾害的方式主要包括人力作业、通航飞机作业等手段，通常需

白天可见光

晚上近红外影像

2019 年 4 月四川凉山木里森林火灾，无人机为森林救火提供全过程支撑。

运用无人机进行病虫害防治

要投入较大的人力成本，时效性不高，并且在防治地域上具有很大的局限性。尤其在高山密林、沼泽草地等复杂条件下进行病虫灾害防治工作，依靠传统的人力手段通常很难完成作业任务。虽然一些国家采用通航飞机喷洒农药的方法进行防治，相比人力手段防治范围更广，速度也更快，但也存在防治针对性不强、精准度不高、对环境污染影响较大等不足。

如果采用无人机作业，情况可就大为改观。用无人机进行林草病虫灾害防治，首先可对防治区域进行全面实时的成像检测，然后针对发现病虫灾害的区域喷洒农药进行精准防治。无人机作业的农药消耗量一般较低，环境污染影响比较小，同时其受高山密林、沼泽草地等复杂地形条件影响也比较小。因

1 火情监测防控

2 病虫灾害防治

3 林草资源调查

4 辅助生成 3D 实景模型图

5 林草执法监管

6 飞播造林种草

此，与传统人工作业或通航飞机作业方式相比，无人机作业具有相当大的优势。

近年来，越来越多的无人机加入到林草病虫灾害防治的队伍。2022年4月，内蒙古自治区的4000亩油松林地发生松毛虫灾害。由于油松树高林密，如果采用传统作业方式，会存在很大困难。于是，当地政府使用4架农业无人机，在2天内便完成了防治任务，充分发挥了无人机的优势。

除此之外，无人机还可用于林草资源调查、林草执法监管、飞播造林种草等多种任务。在进行林草资源调查时，无人机可以轻松进入人力难以到达的复杂环境区域，并且受云、雾等天气因素影响相对较小，可以精准获取高分辨率、高时效性的影像资料，辅助生成3D实景模型图和调查评估数据等。

随着无人机与林草植保养护等技术的不断融合发展，无人机必将在现代化林草业发展中发挥更大的作用，对推动绿色低碳发展、助力生态文明建设具有重要意义。

生产巡检安全高效

当代社会生活，人们几乎时刻都离不开电力资源。然而你可知道，电力资源从火力、水力、风力、太阳能以及核能等各类发电设施生产出来以后，需要经过多级变电站的调相变压，再经过各种类型输电线路的长途输送才能走进千家万户。这是一个复杂漫长的过程。

这些输电线路需要穿越各种复杂地区，既有崇山峻岭、激流峡谷，也有大漠戈壁、乡村或城市，难免出现故障。为保证输电线路的安全，人们需要组织经常性的巡检工作，以便及时发现问题并维修。传统的巡检工作方式往往需要投入大量的人力、付出艰辛的劳动，但巡检效率却不高。

如果运用无人机装配高清数码摄像机、照相机等遥感探测设备，沿输电线路实施飞行作业，实时获取相关设施的遥感探测图像数据，并实时将图像数据传送到检测控制站，监控人员就能在电脑屏幕上同步进行分析、处理与操控，自动标注故障细节信息，从而大幅降低人力投入成本，提高巡检工作效率，并且还可降低巡检人员意外伤亡的风险。

使用无人机巡检输电线路通常可分为三个步骤。首先根据输电线路巡检的重点和周围环境的情况进行作业飞行航路拍摄规划，如重点巡检输电塔架是否发生变形、塔架与线路固定点连接是否松动、线路是否出现故障或存在隐患等。针对这些重点需求，利用无人机的航点飞行功能，合理地规划无人机飞行航路和拍摄点位。

然后结合周围环境条件，灵活选用任务载荷实施遥感探测作业。如果是在能见度很好的白天，可选用高精度可见光拍摄载荷。如果是在夜间或能见度不高时，则可选用高精度红外拍摄载荷，按照已规划好的飞行航路和拍摄点位实施精准拍摄成像。

接着无人机会将图像数据实时传送到检测控制站，监控人员运用数据综合融合分析系统，快速准确地判定输电线路巡检情况，发现问题便可及时告警。必要时还可运用无人机吊装智能检修机器人，放置在故障位置附近完成应急修复作业，确保输电线路的安全生产。

目前，中国先进的无人机输电线路巡检系统已经具备自动精细化规划飞行航路、全天候自动巡检能力，可不分昼夜、精

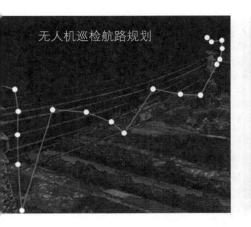

无人机巡检航路规划

无人机巡检成像效果

准高效地完成巡检任务，并且能在机器人的配合下完成对超高压输电线路的带电检修。

事实上，基于同样的原理，无人机还可对油气管线、铁路网线、石油天然气开采场、风力发电场、露天采矿场等许多生产领域进行巡检。这些领域的传统巡检方式，往往都存在易受复杂地形影响、人力成本需求与劳动强度较大、巡检效率低且人员意外伤亡风险高等问题。如果运用无人机进行巡检，不仅可降低复杂地理条件的影响，减少人力成本需求，提高巡检效率，而且在数据收集、存储和处理上更加便利。相较人眼人脑，无人机可自动收集、存储、处理可见光和红外光及激光雷达成像等各种数据，辅助分析发现潜在问题和诊断故障，并精准确定故障位置，便于快速维护处理，更重要的是还可以降低

1 无人机巡检输电路线

2 无人机巡检油气管线

3 无人机巡检铁路网线

4 无人机巡检石油天然气开采场

5 无人机巡检风力发电场

6 无人机巡检露天采矿场

巡检人员意外伤亡的安全风险。

　　当然，对于不同的生产巡检应用场景，无人机的飞行航路规划、所选配的遥感探测设备、采用的数据处理与建模分析方法等必然会存在很大差异，还有许多技术难题需要结合各种应用领域进行深度研发打磨。同时，由于需要飞越的地域广阔，无人机巡检会面临飞行安全和公民隐私保护等问题挑战，必须严格遵守国家法律法规的约束。随着无人机应用技术的发展与政策法规的完善，无人机在生产巡检领域的应用前景将更加广阔。

公共服务
好伙伴

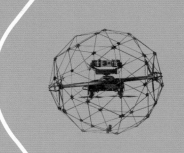

· 使媒体娱乐加『彩』

· 让城乡治理增『智』

· 助应急救援给『力』

· 为公安执法添『翼』

无人机在我们的日常生活中已越来越常见。它们在公安执法、应急救援和城乡治理等许多领域都发挥出重要的作用。不仅如此，无人机在媒体娱乐领域也大有作为，可以帮助我们拍摄记录下许多美好的生活瞬间，还可以为我们带来各种如梦似幻的灯光表演秀。

为公安执法添"翼"

2016 年 7 月，深圳市公安局成立了中国首个交通管理系统的无人机中队，开启了中国无人机辅助交通管理的先河。公安部门之所以近年加大推广使用无人机的力度，正是相中了它飞行机动性好、侦察分辨率高、时效性强、定位准确的优势。

如果搭载可见光照相、摄像机、红外成像仪、照明、喊话器等设备，无人机就能居高临下，长时间、大范围进行交通实

北京交警使用无人机进行交通巡逻

况监视和管理执法。

在高速公路、交通拥堵路段以及某些无视频探头或难以执法区域，无人机可以从空中针对占用应急车道、压实线并道、交通事故勘察等情况进行查处取证。对于人车拥堵、交通混乱等重点和难点管理区域，无人机能够实施空中监测、空中照明、空中喊话等作业，协助交警掌握区域交通流量、实施安全提醒、疏导交通秩序。

现在无人机已成为交通管理的好助手，可为打造智慧交通管理做出重要贡献。

无人机不仅在交通管理方面应用广泛，在侦搜抓捕、反恐行动、处理突发事件、大型活动安保等方面也可发挥重要作用。在侦搜抓捕时，可发挥无人机飞行速度快、俯瞰范围大等优势，从低空协助警方在山地、丛林、楼房街区以及人员稀少地区等搜捕犯罪嫌疑人。在反恐行动中，无人机可携带侦察、通信和打击设备，协助警方或特战队员侦察恐怖分子藏身处，必要时还可对恐怖分子实施精准打击。在处理突发事件时，无人机可发挥"轻骑兵"的作用，第一时间飞抵现场，拍摄并传回现场视频画面，协助警方快速掌握事件发展动向，必要时还可抛投催泪弹、烟雾弹等防暴模块，驱散非法聚集人群。在社会大型活动需加强安保时，无人机可作为"空中眼睛"，时刻

无人机协助意大利警察巡逻，加强城市安保。

掌握活动现场动态，还可搭载空中喊话工具对地面人群进行疏导指挥、广播指引，以及实施空中照明等，防止出现人群踩踏等事故，为重大活动的安全提供保障。

2021 年，中国的警用无人机数量已增加到 12000 多架，它们不仅可以协助警方快速获取数据信息、高效处理各种警务事项，而且还可减少警务人员意外伤亡风险，在维护社会公共安全方面发挥着越来越重要和独特的作用。

助应急救援给"力"

洪涝、地震等自然灾害通常都具有很强的突发性和巨大的破坏性。一旦发生灾情，不仅房屋和道路有可能被损毁，通信设施也可能被破坏。如果受灾地区沦为信息"孤岛"，便难以与外界联系。

因此，很多情况下，应急救援最重要的是在第一时间准确获取灾情信息，快速制订救援方案，确保救援人员高效实施救援行动。此时，无人机便可凭借其受地形因素影响小、机动灵活易操控等特性，立即升空作业。即使是在道路损毁、通信中断等复杂条件下，无人机也可迅速飞越崇山峻岭、激流大川，深入灾区腹地空域，持续实施航拍、航测，通过照片、视频和三维建模等方式，搜寻定位遇险民众，探明灾害损毁区域，及时为救援决策提供精准的灾情信息。通过这些信息，指挥部门才有可能实时掌握灾区情况态势，研究遇险民众救援行动方法，确定受灾民众转移安置区域和救灾物资运送方式等。

无人机应急救援

　　无人机还可帮助解决因自然灾害造成的通信中断问题，它可搭载空中通信基站系统，并融合空中组网、卫星通信等技术，实现图像、语音、数据的贯通互联，为灾区提供紧急通信保障。这对于及时收集掌握民众信息，组织民众自救互救，安抚民众情绪极有帮助。

　　2023 年 7～8 月，京津冀地区因遭遇持续强降雨袭击，引发了严重的洪涝和地质灾害。无人机作为空中移动通信基站，使灾区的手机通联能力得以快速恢复，在提供应急救援指挥通信保障的同时，让受灾民众得以利用应急通信服务在亲友之间互报平安，逐步重建了灾区秩序。

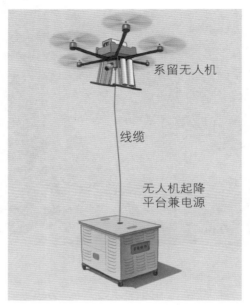

系留无人机

线缆

无人机起降
平台兼电源

搭载空中通信基站的系留式多旋翼无人机

　　无人机可以被直接部署到灾区救援队伍中，做到随叫随到、随用随飞，完成人员搜救、物资投送、空中照明以及空中喊话等救援工作。

　　在人员搜救行动中，无人机可发挥其受地面和水下障碍物影响较小的优势，搭载生命探测装置进行大面积搜寻遇险人员，从而减少驾驶车辆、冲锋舟搜索遇险的风险。而且无人机可以搭载红外热成像相机进行现场热辐射数据采集，找出人们肉眼难以发现、但与环境存在较大温差的物体，并且快速确定被困人员位置，为实施救援行动提供现场实时画面信息。

在实施物资投送时，对于人力难以立即到达救援的地方，无人机可携带救生设备或生存物资，实现应急救生设备或生存物资的可视化精准投送，并实时回传图像到指挥部，提高被困人员的生存和自救能力，为被困人员延续等待救援的时间。

在夜间实施应急救援或灾情巡视时，无人机可以搭载探照灯等照明设备，作为空中移动应急光源，为救援或巡视行动提供照明指引和辅助作业。

无人机还可以搭载喇叭，在低空向受困人员喊话，通报灾情变化情况和应急救援方式，指导自救与互救行动，抚慰受困人员恐慌的情绪，还可充当远程"警戒员"，呼吁民众远离危险区域，避免事故发生。

闻"灾"而动、千里赴"险"，无人机已经成为应急救援的重要装备。面对破坏力强大的自然灾害，我们不仅需要勇于战胜灾害、奋力救援的英雄气概，而且需要充分依靠现代科技的力量，科学合理地组织实施一线救援行动。可以预见，随着无人机技术及其应用的不断发展，无人机将在应急救援中发挥更大的作用。

〉让城乡治理增"智"

2023 年 8 月 13 日，江苏宜兴市一名男子落水后自救求生，结果误入河堤污水管道，因体力不支，以及长时间吸入沼气而陷入昏迷。施救人员运用在外部装有球形保护结构的防碰撞无人机，让它从管道口飞入污水管道，实施搜寻并实时传输视频数据，拓展搜救范围，很快便找到被困男子。这位男子被无人机唤醒后，跟随无人机的引导，爬行至污水管道口，成功被施救人员救起。

对此你可能会感到诧异。连飞进管道执行巡查救援任务这种高难度的"绝活"都可以胜任，那么实施日常低空飞行巡查工作岂不是更不在话下了吗？

事实上，在很多地区的城乡治理过程中，无人机确实帮了大忙。人们运用无人机飞越大街小巷、房屋建筑、学校集市、河道湖泊，在重点区域开展网格式空中巡查，及时发现并处理相关问题，大大提高了网格巡查质量与效率。当发现火灾水

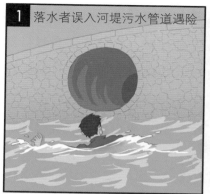

1 落水者误入河堤污水管道遇险

2 遇险者因吸入过量沼气而昏迷

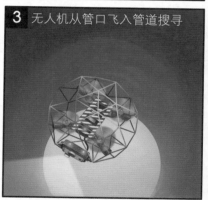

3 无人机从管口飞入管道搜寻

4 施救人员通过实时视频数据发现遇险者

5 无人机唤醒并引导遇险者爬出管道

请醒一醒，请跟我来...

6 遇险者成功获救

救援 救援

灾、交通事故、人员走失、溺水事故等紧急情况时，无人机可以帮助人们获取现场图像，辅助快速救援。当发现存在私搭乱建、违规种植、乱倒垃圾或乱排污水等问题时，无人机可以帮助管理者进行空中抓拍取证，为执法提供图像证据支持。当发现有人员违规垂钓、游泳、聚集等行为，有可能造成安全隐患时，管理者也可通过无人机进行喊话，劝阻或劝离，从而化解问题。

无人机进行水质采样作业

不仅如此，无人机还可变身"环境监察员"，发挥其受地形条件影响小的优势，对江、河、湖以及近海的水资源进行水质监测。如果搭载取水装置以及高清变焦吊舱，无人机便可深入复杂区域进行水质采样作业，并精准定位取水位置，拍摄留存取水画面，为生态环境治理提供数据支持。这样不仅能降低取水采样的安全风险，还可提高工作效率，可谓一举两得。

有了脚下地，才有口中粮。依托其遥感设备的网络化探测优势，无人机还能变身"耕地监管员"，成为智能化、数字化耕地监管体系的一部分，及时发现、处置违规违法滥用耕地问题，更加有效地保护耕地和促进粮食生产。

此外，无人机在地质勘探、海洋研究、气象探测等领域的应用也越来越广泛。作为低空数字经济的"主角"，无人机还可在数字城乡建设领域继续深耕探索，不断向更高的目标前进。

使媒体娱乐加"彩"

如果你看过电影《侏罗纪世界》，你一定不会忘记这个场景：侏罗纪公园的电子围栏突然失灵，翼龙趁机逃出栏圈，从天空对惊慌逃散的人群发起俯冲。你恐怕只顾着屏住呼吸，紧盯屏幕，关注着人们的命运，而不会想到，这个取景视角是由无人机镜头来模拟的。

高空俯拍是无人机摄影的一个非常突出的特征。很多情况下，摄影工作者需要从空中多视角拍摄某些场景宏大的镜头画

无人机的高清分辨率相机和避障系统
使其成为拍摄野生动物的理想选择

面，因为这样可以增加影视剧或体育赛事的视觉效果。传统的做法可以运用直升机或升空气球等方式来完成，运用直升机通常成本较高，而升空气球的机动效果往往不尽如人意。如果运用无人机多视角协同拍摄，不仅可快速获取多视角高质量的影像画面，为后期制作提供丰富的影像素材，而且还可提高拍摄效率，节约拍摄成本。

近年来，许多地区正在兴起一种新型视觉漫游方式，即利用无人机的高空俯拍功能，让观看者获得高空视角，以重新审视身边的景观。原本熟悉的事物，全都以别样的面貌呈现在观看者眼前。无论是现代化的交通枢纽和高楼大厦，还是云雾交织的名山大川，以及错落有致的阡陌古道，都在这一视角下再次焕发出蓬勃的活力。

无人机不仅在影视剧制作、高空俯拍上得到了广泛运用，而且在新闻播报等方面也具有很好的效果。无人机可在新闻采访中作为空中目击者，获取实时新闻资讯。新闻事件通常因事发突然，现场可能比较混乱，记者有时很难挤入人群去拍摄现场画面，如果运用无人机飞临突发事件现场上空进行实时摄像和录音，便可在第一时间获取大量实时的现场影像资料，提供真实的新闻报道素材。这种方式还可运用于战地新闻报道，从而有效地降低新闻记者意外伤亡的风险。

　　生活中，无人机早已成为许多运动、旅游发烧友的亲密伙伴。他们在跑步、登山、骑行、滑雪、漂流、自驾等户外运动时，灵活运用无人机进行跟随、拍摄、物品递送、信息交互和互动游戏等，在运动过程中随时分享快乐。如果遇到困难，他们还会使用无人机随时寻求帮助，从而使运动变得更加高效、安全而有趣。

　　无人机还能给我们居家生活带来更多的舒适和惬意。智能家用无人机可通过分工合作组成家庭服务群，根据不同的手势

无人机灯光秀

或语言调整工作模式，提供超越"智能手机＋机器人"的服务，满足家庭成员各种各样的个性化需求。像送咖啡、播放音乐这样的工作，无人机能轻而易举地完成。

利用无人机群进行灯光表演，是无人机娱乐的一个重要方向。在近几年的重大节日庆典或大型活动中，无人机群灯光表演频繁亮相。2023 年，杭州亚运会和成都世界科幻大会期间，千百架无人机以夜空为画布，以灯光为画笔，通过不同颜色、不同造型的变换，"绘制"出各式各样的创意图案，讲述着独特的主题故事。

中国有一个技术团队曾经别出心裁地将无人机作为光源，在空中演绎出一部名为《少年》的音乐短视频。通过对每一架无人机精准定位、授时与操控，整部短视频中的几千帧画面被 5200 个无人机光源有序地呈现出来，给人带来强烈的视觉震撼。

新鲜的创意给我们的生活带来了更多乐趣和体验，也给无人机带来了更多的可能性。无人机还能做什么？你又还有哪些新的创意呢？

无人机群
的兴起

- 仿生无人机群的研究
- 无人机群大显身手
- 动物群体行为的启示

自然界中有许多动物都习惯于成群结队地活动。这是因为通过群体行为来获取食物或应对天敌，往往可形成远远超越个体能力的竞争优势。这种现象给无人机技术的发展与应用带来了重要启示，于是，无人机群的概念便应运而生了。

动物群体行为的启示

　　2021 年诺贝尔奖获得者、意大利物理学家乔治·帕里西在《随椋鸟飞行》中写道："观察动物的群体行为是一件很美妙的事情，无论是天上的鸟阵、水中的鱼群，还是成群的哺乳动物。"人类在科学技术研究活动中，往往会借鉴某些生物特有的结构或行为，比如人们利用蝙蝠的回声定位原理研制出了雷达，借鉴蜂巢的六边形结构设计了重量轻、强度高的建筑等。

　　在自然界，动物的群体行为是一种非常普遍的现象。许多个体能力有限的动物，通过遵循简单的交互规则组成动物群体，就可涌现出群体智能效应。人们在研究无人机群的交互规则与原理时，正是基于对动物群体行为特性与规律的认识，得到了许多重要的思考与启发。

　　你见过椋鸟吗？椋鸟就是一种喜欢结群活动的动物。椋鸟分布于亚洲、欧洲、非洲等地，栖息活动于次生林及靠近村寨的农田、灌丛、耕地、果园等处，捕食昆虫及蜘蛛、蚯蚓等，也吃植物种子和果实。椋鸟在飞行或栖息时喋喋不休，经常大群聚集在一起，时而一飞冲天，时而俯冲而下，时而急转弯，远看宛如一大片浮云。椋鸟群在啄食地上的蝗虫或虫卵时，好像滚滚的波涛向前汹涌。当蝗虫迁飞时，椋鸟群便腾空而起，在空中进行捕捉，颇为壮观。

椋鸟群还具有防御猎鹰、白腹鹞等猛禽的策略。当受到猛禽袭击时，数千只椋鸟会瞬间同时起飞，迅速组成紧密队形以御敌，并时而扩展、时而收缩，不断变换队形，试图保护队友、吓跑天敌，共同分担受猛禽猎食的风险。但是一旦落单，椋鸟就可能遭殃。为了不落单，椋鸟通常能在瞬间完成跟随动作。

椋鸟群时而疏散，时而聚拢，既不会撞到一起，
也不会轻易落单。

科学家研究发现，椋鸟群在空中飞舞的时候，之所以能保持群体的队形，是因为遵从了一种"无标度行为关联"机制，即每只椋鸟都将自己定位于周围最近的 6 只椋鸟身旁，协调自己与这些椋鸟的行动，从而创造出一种相互重叠的一致性。尽管每只椋鸟都仅仅与身边的鸟互动，但每只椋鸟的行动都会影响到整个鸟群，也会被鸟群所影响。在这种群体活动中没有头鸟（即"无中心"），通常只要有一只椋鸟改变速度或方向，其他椋鸟便会立刻跟上。这些行动信号很快就可传递到整个鸟群，使得集体行动非常迅捷。据测算，一个约 400 只椋鸟组成的群体，任何个体椋鸟的行为变化，在 0.5 秒内就会传遍全体。

椋鸟群飞行为还有很多方面与我们人类非常相似。比如，椋鸟群的中心稀疏、边界拥挤，这种现象与人们挤公共汽车或地铁一样，往往是中间人少，靠近门口的位置人多。椋鸟飞行时左右或上下的邻鸟距离较近、前后的邻鸟距离较远，这种现象犹如我们在高速公路上行车，邻道车辆距离近，前后车辆要保持较远的安全距离。

不仅鸟类有群体活动的行为，蚂蚁和蜜蜂也有群体行为。蚁群或蜂群的神奇性在于，每一只蚂蚁或蜜蜂之间虽然能够相互交流信号，但并不相互控制。然而，每一个蚁群或蜂群都具有其固有的属性，就像一只隐形的"手"。这是由于当蚁群或

任何一只蜜蜂都不能离开群体单独生存

蜂群的个体数量不断增加，大量蚂蚁或蜜蜂聚集在一起时，就会涌现出由量变到质变的"群体"效应，形成强大的"超个体"竞争优势。这只从大量个体成员中涌现出来的隐形的"手"，控制着整个群体。

动物的群体行为是经过长期自然选择而被保留下来的重要特性，赋予了它们超越个体能力的巨大竞争优势，对动物的生存和繁衍具有十分重要的作用。动物群体行为的这些分工协作、群体聚能等特性，给无人机技术的研发与应用带来了很多创新的启发。

无人机群大显身手

单架无人机的能力是有限的，在面对某些复杂任务时往往会出现捉襟见肘的现象。假如需要运用无人机执行攻击敌航母群的任务，那么无人机就应该具备侦察能力、电磁干扰能力，以及足够当量的弹药毁伤能力，当然还包括应对航母群反击的能力等。显然单架或少数几架无人机很难完成任务，而运用无人机群则可完成攻击任务，正如同自然界中的蚁群、鸟群、蜂群、狼群、鱼群那样。

动物群体协调有序的行动，可以形成群体捕食、协作筑巢、协同避险、相伴迁徙等行为模式，有效地提高动物的生存竞争和环境适应能力。那么，无人机群能够形成哪些应用模式、完成什么任务呢？

首先，无人机群可以形成"有人指挥、无人交战"的作战模式。大型有人驾驶飞机可携带很多无人机，飞抵对方防区外适当空域，将无人机群从空中释放出去，通过建立在有人驾驶

有人机指挥无人机群 **1**

2 无人机"饱和"攻击

空中机器人大战 **3**

飞机上的空中指挥中心实施指挥控制，无人机群中的单架无人机或子群，便可按照各自分工去执行任务。有的无人机负责侦察，有的充当诱饵，还有的进行电子干扰、通信中继、火力打击等任务。这些无人机将按照空中指挥中心指挥员的意图和指令，相互协同地执行多种既定作战任务。任务完成后，无人机还可被回收到大型有人驾驶飞机舱中。无人机群的这种运用模式既可提高作战效率，还可减少己方作战人员伤亡。

其次，无人机群还可以用于"饱和"自杀式攻击的消耗战模式。所谓"饱和"，就是远远超出对手的防御或承受能力。通常情况下战场的重要目标都有自卫防空系统，无人机群攻击必然会遭到敌防空兵器的打击。如果能够利用无人机低成本、可大批量生产的特点，让无人机的成本比敌方防空武器的成本更低，就可运用大量廉价的自杀式无人机组成无人机群，有效地消耗敌方的防空火力，让敌人防不胜防，就像自然界中蜂群攻击大型动物那样。

此外，无人机群还将开启空中智能机器人作战模式。对于"空中机器人作战"，你是不是有一种战争游戏的感觉？其实，随着智能化、网络化、无人化和集群化的技术装备发展，这一天也许很快就会到来。也许你将来研制的无人机群便可在长空鏖战，担负起保卫祖国空天安全的神圣使命。

无人机群协同喷洒农药，农田害虫将无处可逃。

　　无人机群不仅在军事领域具有广阔的应用前景，而且在民用领域也可大显身手。比如，运用无人机群喷洒农药的效率会更高、效果也会更好。因为当一架无人机喷药时，有些农田害虫可能会飞往没有喷药的地方，逃出药物的作用范围。当无人机群协同喷洒农药时，农田害虫将无处可逃。无人机群还可在智慧农场里大展身手，微型、小型无人机群或将扮演大量飞行益虫的角色，成为智慧农场环境的一部分。我们可以运用微型、小型无人机群，监测空气湿度、农作物病虫害，甚至像蜜蜂、蝴蝶那样给农作物授粉，精准地控制给农作物授粉的时间和效果，确保稳产增收。

　　请你开动脑筋，想象一下更多的无人机群应用场景吧。

仿生无人机群的研究

当前，许多国家掀起了一股研究无人机群的热潮，一些军事强国推出了许多无人机群研究项目。比如，美国曾让 103 架"灰山鹑"无人机在一个预先选定的位置进行编队试验，主要是为了验证它们执行相互通信、集体决策、自主组成群编队、躲避防空系统等任务的能力。还有一些项目负责开发高效的无人机发射与回收平台，使部队在未来作战时能够快速部署、回收廉价的无人机群。

✈ 飞机名片

"灰山鹑"无人机

类别：微型军用无人机

机长：165 毫米

翼展：300 毫米

机身高度：50 毫米

重量：约 300 克

对于无人机群的前沿关键技术，研究者往往秘而不宣。如何让无人机群能顺利地运作起来呢？仿生学给了我们答案，下面我们重点了解一下仿椋鸟飞行的无人机群。

对椋鸟群的行为进行模仿，是控制无人机群的方法之一。因为二者之间具有高度相似性，我们可以通过表格的形式，列出椋鸟群飞行特性与无人机群需求特性的对应关系。

椋鸟群与无人机群特性关系对应表

基本特性	椋鸟群	无人机群
系统规模：可扩展性	规模庞大，经常数十万只协同飞行。	大规模无人机群具有非对称优势
组织结构：分布式	不存在中心节点，与邻近同伴进行交互。	不存在指挥控制站，各无人机自主决策。
行为主体：简单性	个体感知和行为能力简单，规则简单。	尺寸小、价格低、平台功能简单。
作用模式：灵活性	对环境变化具有较强适应性，能躲避捕食攻击者。	应对信息不完全、环境不确定、高动态的任务环境
系统能力：智能性	整体可以完成个体难以实现的行为	规模效益使得无人机群作战能力倍增，生存能力提高。

掌握了这种对应规律以后，在仿椋鸟无人机群研制过程中，我们还需要用技术方法把椋鸟群的交互特征表现出来，从而解决研发无人机群的基础性问题。

首先是个体和群体的定位导航问题。在无人机群中，每一架无人机都要知道自身的空中位置，并且还要知道与距离自身最近的其他6架无人机位置。这个问题通常可运用卫星导航、惯性导航、无线电测距定位的方法，还可将三种方法组合起来实现。为什么每一架无人机要知道与自身距离最近的其他6架无人机位置呢？因为通过研究椋鸟群飞的规律发现，每只椋鸟通常是与跟它相邻的6只椋鸟交互信息。也就是说，只要保证每只椋鸟与它周围6只邻鸟不相撞，就可实现整个群体中的椋鸟互不相撞。这就犹如我们在拥挤的人群中行走一样，我们不需要顾及整个人群的位置，只需要保证与周围6个邻近的人不相撞就可以了。

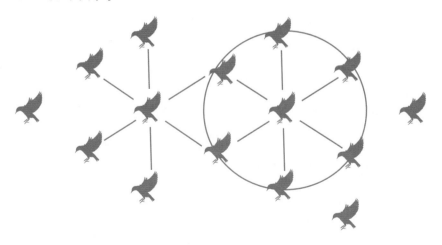

研究发现，椋鸟与其周围的6只邻鸟交互信息。

然后是无人机群的组网通信与测距问题。无人机群中的每架个体都要与距离自身最近的其他 6 架无人机建立通信联络，以便告知各自的位置。椋鸟是靠眼睛观测周围 6 只邻鸟的位置，来控制自身飞行的。如果无人机通过传感器观测邻近无人机的位置，可能需要付出很高的成本代价。如果通过网络实现互联互通，那么无人机之间既可通报相互位置信息，还可利用无线电实现相互距离的测量。当然，这个网络并不只是让每架无人机固定地与周围 6 架无人机建立通联关系，而是让其能够与群内每架无人机都可建立实时动态的通联关系。因为无人机在集群飞行时，可能会受到各种因素影响，比如作战损伤、雷雨袭击、变换队形以及运行故障等，集群内无人机之间的相互位置关系会不断发生变化。解决大规模的无人机群组网通信与测距问题难度很大，是无人机群研究的核心关键技术。

另外还有无人机群的协同控制问题。集群中每架无人机的飞行控制模式通常都是一样的，只需要做到"吸引、排斥、对齐"三个动作就可以了。所谓"吸引"，就是当无人机之间的距离拉远时，它们应当相互靠拢，避免无人机群的凝聚力下降。所谓"排斥"，就是当无人机之间的距离太近时，无人机应当相互分离，保持适当间距，避免发生碰撞。所谓"对齐"，就是指集群中无人机应当相互参照周围的邻机，使自身飞行方向与相近的 6 架邻机相互一致。无人机怎样才能做到这些动作呢？这就需要聪明的工程师建立一系列算法模型，通过编写控制程序来实现。同时无人机群还需要具备前面讲到的定位导航和组网测距能力。

总体来看，仿椋鸟飞行的无人机群就是在认识椋鸟群"两个简单、一个涌现"的基础上，开展相应的研究工作。"两个简单"指的是椋鸟单体飞行的行为简单和相互交互的规则简单。"一个涌现"指的是在"两个简单"基础上涌现出的群体智能。目前，将无人机群作为成熟"产品"推向应用可能还为时尚早，还有许多科学问题和关键技术需要我们深化认识与努力攻克。但是，无人机群的快速发展与运用终将不可避免，它正在向我们招手走来。

网络赋能
发展

当前，低空空域即将成为人类活动的新舞台，低空经济将成为中国新兴战略产业，无人机将在低空经济中发挥重要作用。但要想完全开发挖掘无人机的潜能，推进低空智联网络建设至关重要，它将为无人机应用提供智能互联的网络环境，让我们享受到更美好的生活。

无人机网络化发展

无人机无线电通信链路是实现无人机遥控、定位和信息传输的基础。它既可利用为无人机"量身定做"的专用链路，也可利用卫星通信等公用链路。我们手机运用移动通信信号，就是公用链路的一种。这个链路不仅可以打电话、看微信、刷视频等，而且早已成为许多消费类无人机遥控、定位和信息传输的重要手段，并将成为重要的发展方向之一。

早期无人机都是采用"站－机－链"点对点运行模式的专用无线电通信链路，即每套无人机系统都是由自己的控制站、飞行平台和无线电通信链路组成。通常一个控制站运用一套链路、控制一架无人机，形成"一站一机"运行模式。也可以由多个控制站交替运用同一套链路，形成"多站多机"的运行模式。

随着无人机的大量使用，这种传统"站－机－链"运行模式存在的问题越来越突出，主要表现在四个方面。

无人机"一站一机"运行模式

第一，通信频率资源严重受限。传统的"站－机－链"模式中，每套无人机的链路都要有自己的通信频率，不仅会占用更多频率资源，而且容易相互干扰，不利于无人机产业的发展。

第二，无人机的飞行控制半径受限。使用专用链路的无人机在空中飞行不能有遮挡，但各种建筑、山体、树林等都会遮挡无线电波，再加之功率有限，所以无人机控制半径会受到限制，在远距离物流运输等应用领域就会受到制约。

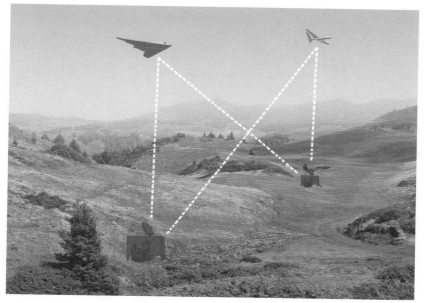

无人机"多站多机"运行模式

　　第三，链路成本高。在传统"站－机－链"远距离运行模式的无人机系统中，无线电通信链路的成本费用约占总造价的30%，导致无人机制造成本偏高。

　　第四，多机协同控制难度大。多机协同作业难以实现，制约了无人机群的发展与应用。

　　显然，这种"站－机－链"运行模式已经成为制约无人机规模化应用的瓶颈。为适应无人机快速发展的需要，我们应建立一个更为先进的无人机通信网络。这个网络的目标是提高无

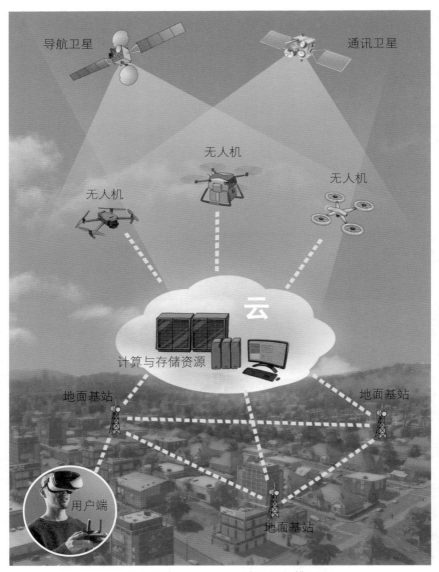

无人机的"网－云－端"运行模式

人机测控效率、多机协同能力，同时降低无人机系统的制造成本。而"网－云－端"模式无疑具有更广的覆盖范围、更大的通信带宽、更小的传输时延，可以满足人们未来对无人机规模化应用的更高要求。

所谓"网－云－端"运行模式，就是依托卫星通信网络、移动通信网络、地面通信网络和无人机系统自组网络等，构建一张可供无人机运行的通信"网"；依托政府、企业和个体提供的计算与存储资源，构建可供无人机运行使用的资源"云"；无人机的飞行平台和控制器就成为直接面向用户的"端"。这样在使用无人机时，人们只需要通过操作无人机控制端，将无人机接入公用网络，就能运用公用的网云资源进行航路规划、飞行控制、数据汇集与处理等各种任务。完成任务后，人们可以回收无人机，使其离开公用网云资源。

在"网－云－端"运行模式下，人们在用户端实施飞行控制、执行各种作业任务时，只需要看着手机屏或无人机控制器显示屏，手工或自动设置任务目标，就可以快速完成航线和任务规划，如同操作手机游戏一样。

更重要的是，在网络环境下无人机的空中运行情况处于"透明"状态，航管和空管部门可以随时掌握无人机的飞行动态，这对实现无人机的安全运行管控同样具有重要作用。

5G 赋能无人机产业

从技术发展的本质来说，无人机是航空技术与信息技术深度融合的产物，将发展成网络环境下数据驱动、可执行多种任务的空中移动智能体。

无人机和有人驾驶飞机在航空技术上并没有本质区别。虽然无人机无需承载飞机驾驶员，形态和飞行特性更具多样性，但二者的飞行平台制造技术、飞行控制与导航技术、飞机能源与动力技术以及执行各种任务的载荷技术等，大部分是可以共用的。

因此，无人机产业之所以能够得到快速发展，其关键还是在于信息技术的快速发展。它使得无人机的导航定位、自动控制、信息感知与传输处理等诸多瓶颈问题得以逐步解决，从而推动了无人机产业的爆发式增长。

可以说，5G 技术的诞生恰逢其时，它可以成为无人机发展的关键技术。那么什么是 5G 呢？

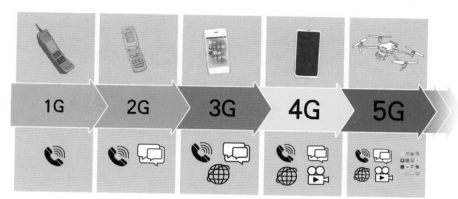

移动通信技术的演进

5G 是第 5 代移动通信技术的缩写。自 20 世纪 80 年代以来，大约每 10 年就会出现一代革命性的移动通信技术，推动信息化产业应用的迭代发展。移动通信技术已经过从第 1 代（1G）至第 4 代（4G）的演进，正朝着 5G 阔步前行，同时 6G 也在向我们频频招手。虽然在国际上目前对 5G 尚没有统一的定义，但业界普遍认为，相对于 4G 技术，5G 技术可提供更高的传输速率、更低的时延和更优质的连接。

5G 可以赋能各行各业，构建一个完整的产业生态系统，推进经济社会数字化转型发展。正因如此，5G 技术受到了全球各界的广泛关注。无人机领域的专家认为，5G 技术赋能无人机产业，必将推动无人机产业应用的快速发展。

5G 技术主要有三大优势。首先，5G 技术可增强移动通信

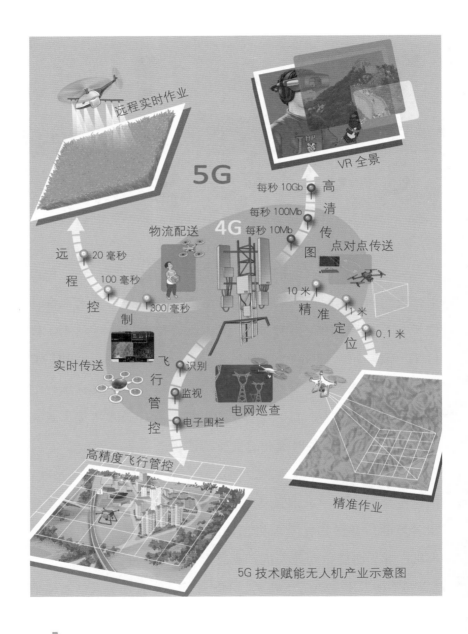

远程实时作业

VR 全景

5G

每秒 10Gb 高

每秒 100Mb 清

4G 每秒 10Mb 传

物流配送 图 点对点传送

远 20 毫秒

程 100 毫秒 10 米 精

控 300 毫秒 1 米 准

制 0.1 米 定

实时传送 位

飞 识别

行 监视

管 电网巡查

控 电子围栏

高精度飞行管控

精准作业

5G 技术赋能无人机产业示意图

的带宽，实现网速的数倍提升，用户可以在线观看超高清视频，通过虚拟/增强现实技术获得身临其境的3D体验，人类的交互方式从而得以再一次升级。其次，用户可以获得高可靠、低时延的移动通信。这使得5G网络可广泛应用于车联网、远程医疗、无人机群、工业互联网等"垂直"行业。第三，5G技术可以实现大规模机器类通信。届时，以智慧城市、智能家居等为代表的应用将与5G移动通信深度融合。预计全球将有千亿量级的设备接入5G网络，为人们开启万物互联时代的新生活。

因此，5G技术可为无人机提供大带宽、高可靠、低时延的移动通信网络，实现无人机在网络化操控、定位和信息传输效率上成指数级的提升。在5G技术的加持下，无人机的控制器和飞行平台可以建立起网络化通信链路。只要在5G信号的覆盖范围内，即便距离再远，无人机也可以实现实时作业、全景高清可视、高精度飞行管控以及精确作业等功能。这样，即使你身处北京或上海，也可以自如地操控远在海南或新疆的无人机进行飞行活动。网联无人机将成为主流产品。

近年来，5G技术赋能无人机产业发展很快。运用5G技术配合相关应用软件，可轻松地化解"无人机飞控距离受限""数据传输时延大""空中飞行管控难"等瓶颈问题，实现无人机航线规划、超视距飞行、异地起降、吊舱控制和超低延时的高清图像传输等网联功能。因此，在电力网线、油气管线、江河湖泊等长距离巡检领域，以及城市安防、智慧工地和遥感测绘等高精度作业领域，无人机将有非常广泛的应用。

未来 5G 基站信号覆盖范围将越来越大，无人机将可以更加自如地飞翔。我们可以充分发挥想象力，设计各种各样的应用场景。在上学的路上，我们可以带着无人机旅伴，或飞或停，通过 5G 信号把遇到的所有情况分享给父母、老师、同学。在周末或节假日，无人机可以把快递送到我们的阳台上，甚至还可直接送到餐桌或床前。总之，在 5G 技术的帮助下，无人机将会大放光彩！

当然，目前 5G 技术主要是针对地面用户开发的，普通的基站信号覆盖高度有限，并且还有很多地方没有 5G 基站，许多新的瓶颈问题还需要不断突破创新。因此，无人机的潜力并没有被完全开发出来。不过，无论未来技术如何发展，我们都需要保持对创新和进步的热情，不断探索新的解决方案，开拓无人机技术的新天地。随着后 5G 时代的到来，无人机发展一定会迎来更多新的机遇。

开启低空智联网新基建

鲁迅先生曾经说过："世界上本没有路，走的人多了，也便成了路。"事实就是如此。世界上本来没有公路、铁路和机场，而是因为出现汽车、火车、飞机以后，才有了公路、铁路和机场。为促进汽车、火车和航空交通的发展，许多国家纷纷加强公路、铁路、机场等基础设施建设。那么，为了促进无人机产业的发展，我们需要建设什么样的基础设施呢？

由于民用无人机的飞行作业活动主要集中在低空空域，低空智联网将成为无人机产业发展的重要基础设施。因此，加强低空智联网基础设施建设将成为促进无人机产业发展的重要举措。

所谓"低空智联网"，就是在低空空域建立的一个数字化智能网络体系，它能帮助人们实现无人机的数字化管理和智能化运营。简单来说，就是努力让无人机能够获得更好的飞行环境，可以安全顺畅地飞行。

实现"低空智联网"离不开低空网络化、低空数字化和低空智能化等工程的建设。

低空网络化工程，就是综合运用太空轨道卫星网络和地面网络基础设施，以及低空飞行平台自组网技术，建立一个用于低空信息传输的实用可靠的网络化运行环境。

在这个环境下，用户可通过网络快速获取自己所需要的任务要求、环境情况以及相关知识等信息数据，然后把自己分析判断形成的想法快速传递给无人机去执行任务。无人机也可通过网络实时获取自己的任务指令、航线规划以及所需的气象保障等信息数据，并且实时将所感知的环境数据、自身状态数据、执行任务的进展情况等信息数据分发给用户和空域管理系统。

低轨通信卫星系统示意图

当前，低轨卫星网络正以惊人的速度迅猛发展。美国的"星链"互联网计划已经进入卫星发射布局与运用实践阶段，在俄乌冲突中已经投入实际应用。中国的低轨通信卫星网络建设与应用也即将全面铺开。如果将低轨卫星网络、5G 技术和地面宽带有线网络结合起来，建成一个天地一体化的低空网络，将可为无人机飞行作业提供可靠的实体网络支持。

低空数字化工程，就是实现将物理空间数字化，即把整个地球表面的低空空域剖分为连续的立体方格区域，并对每一个区域的地理位置、地物特征进行数字化编码和标识，再结合定位导航、遥感或气象等信息，实现物理空间可以被标识、存储和计算。这就相当于给无人机修建了"数字道路"，无人机可以随时在这个"数字道路"上进行航路规划、避障和空域管理。

比如，对于城市中的一座电视塔，我们首先用数字表示这座塔所在的地理空间位置，包括经度、纬度等；然后再用数字表示这座塔所占据的范围有多大，包括高度、半径等；接下来还要用数字描述塔的其他属性，包括发射电视信号频率、功率，是否会对无人机飞行产生干扰等。在此基础上，我们设计一组数字编码，把这座电视塔的属性描述清楚。有了这些数据，无人机飞行经过附近时，就可以知道应该怎么避让这座电视塔了。我们可不要被编码吓唬住了，其实道理很简单，就像我们每个人的身份证号码一样，通过一组数字表述一个人出生地、出生年月日、性别等。空间数字编码就是用数字将空间的属性表示出来。

这些"数字道路"可以实现如同多层公路立交桥那样的立体分层交通。同时，它最大的好处在于，可以根据任务需要随时进行重新规划和调整，而不像公路立交桥那样建设成本很高，而且建成后难以更改。

低空智能化工程，就是在低空网络化、数字化工程的基础上，建立统一的低空业务运营管理架构，推动无人机航线规划、飞行控制、避障防撞、空域安全等智能化管理变革，为无

低空数字化工程使物理空间被标识、存储和计算，这可以让无人机在"数字道路"中顺畅飞行。

人机提供低空智能化运行环境，提升无人机环境感知、任务规划、飞控导航、应用服务等智能化水平。这样，人们只需要向无人机布置任务和提出要求，无人机就可以自主地按时完成任务。无人机的应用将变得更加简捷、多能和高效。

总而言之，低空智联网基础设施的建设，将帮助人们实现低空空域治理体系的网络化、数字化和智能化发展，大幅提升低空空域的治理水平和利用效率，并将为无人机提供一个可观测、可规避、可控制的自由飞翔的智能互联网络空间。这是无人机产业发展最重要的基础设施，也是繁荣低空经济的新基建。

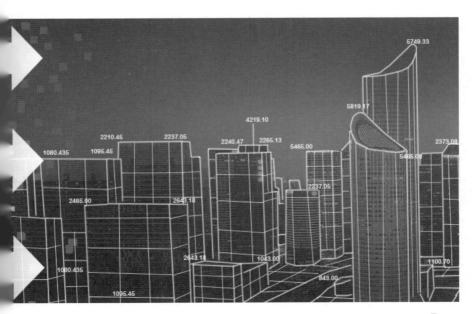

智能时代
新机遇

· 天空将繁忙而有序

· 空域管理的挑战

· 人工智能与无人机结缘

制造智能机器是人类追求的梦想。人类发明了很多机器,如各种加工机器、电器设备等。但这些设备远未达到"智能"的程度。计算机和其他相关技术的出现,催生出一门全新的学科——人工智能。它将如何与无人机结合呢?我们还将迎来哪些新的机遇与挑战呢?

人工智能与无人机结缘

人工智能是具备正确解释外部数据、能从中学习，并能通过灵活适配来实现特定目标和任务的技术。对我们来说，其实人工智能并不陌生，它早已渗透到我们的日常生活之中。如智能手机的指纹识别、自动门禁的人脸识别、汽车的智能导航等，都是运用人工智能来实现的。

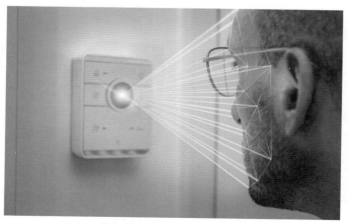

人工智能算法广泛运用于人脸识别系统中

人类对人工智能的研究起源于 1956 年 6 月在美国达特茅斯学院举行的人工智能研讨会。虽然研究进展在几十年内起起伏伏，但随着计算机、芯片和大数据技术的进步，人工智能算法接连取得重大突破。特别是 2016 年 3 月，基于深度强化学习方法的 AlphaGo 程序以 4:1 的比分战胜世界围棋冠军李世石，更是引起了世人的震惊。新一轮人工智能的研究热潮正在被掀起。

当前，人工智能已经从方法论上改变了人类认识自然和改造自然的方式。那么在无人机领域，人工智能又能做些什么呢？目前较为成熟的方法就是以数据为基础，针对无人机应用的需求，人们开发相应的人工智能算法，并将其嵌入到无人机系统之中。运用算法驱动相应的任务装置，就可以实现相应的智能应用。

人工智能可以帮助无人机实现自主飞行。自主飞行是指无人机在飞行过程中可以实时感知障碍物，并自主采取措施来避开障碍物。这是为适应复杂的城市场景应用需求应运而生的飞行模式。自主飞行对无人机非常重要，如果不能自主飞行，当无人机在飞行航线上遇到突然出现的障碍物时，就不会绕过这个障碍物，而是继续执行飞行程序直接撞上去。有了自主飞行功能后，无人机就可以在城市、森林等复杂场景中自由飞翔。

开发仅仅可以实现自主飞行的智能无人机是远远不够的，更重要的是开发可以实现能高效自主执行各种任务的无人机。所谓"无人机自主执行任务"，是指在没有人工干预的条件下，无人机能够自主感知、决策和完成已经确定的任务。如果人工智能足够先进，就可以帮助无人机实现自主执行任务。比如在高层消防灭火时，无人机可携带水枪升空飞行，自主寻找并确认发生火灾的位置，自主判断火势大小调节水枪出水的速度和流量。如果确认火源是在隔着玻璃窗户的房间内部，无人机还可运用自带的弹丸精准击碎玻璃，将消防水柱喷射入房间内部以熄灭火源。

当然，无人机执行不同任务时，对人工智能要求也不一样。为此，我们需要根据各种不同任务来开发相应的智能应用技术。目前，世界上许多国家都在开展相关研究工作，并取得了很大的进展。美国空军实验室将阿尔法智能空战系统嵌入到无人机任务控制系统，结果在模拟空中格斗中，人工智能无人机轻松击败了有人操纵的战斗机。为此美国专家预测，军用飞机无人化发展将是大势所趋。

另外，人工智能还可以实现人机混合智能。人机混合智能是由人、机器、环境系统相互作用而产生的组织形式。很多专家认为，人机混合智能是智能化发展的最高境界。人机混合

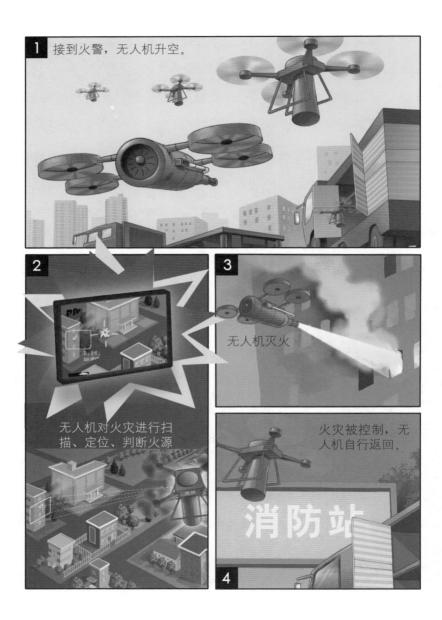

1 接到火警，无人机升空。

2 无人机对火灾进行扫描、定位、判断火源

3 无人机灭火

4 火灾被控制，无人机自行返回。

消防站

智能的核心是发挥各自的优长，相互促进、成就对方。人工智能在计算速度、存储能力、感知效率等方面明显优于人类，而人类自信、果敢，能对复杂事物进行判断、决策，目前机器还很难企及。人机混合智能可以增强和延伸无人机执行任务的整体能力。比如，军用察打一体无人机可依靠人工智能，实现快速发现、跟踪和识别目标，但是否对这个目标实施打击，则需要由人根据多源情报进行分析判断和决策。通过人在回路的判断、决策，智能无人机可以不断学习积累知识、丰富模型，这样多次反复迭代以后，无人机自主分析判断和决策的能力也会逐步得到提升。

总而言之，人工智能在无人机领域发挥着重要的作用。正如爱因斯坦所说："智慧是无限的，只有空间限制了它。"人工智能将为无人机带来无限的智慧和潜力，使其能够在复杂环境下自主感知、决策和执行任务。这种融合人工智能和无人机技术的创新将继续推动科学技术的进步，为人类创造更加安全、高效和智能的未来。

美国空军组织智能无人机与有人机进行模拟空中格斗

飞行员 P·K 人工智能

空战区域

在人机对抗空战演练中，红方代表飞行员驾驶的战机，蓝方代表由人工智能机器人驾驶的战机。

人机对抗空战演练终局，红方战机被蓝方击落。

空域管理的挑战

我们知道，为确保汽车顺利行驶，世界各个国家都制定了一系列完善的交通管理措施。红绿灯、电子眼等技术设备的大量应用自不必说，在一些重要的路口，还会有交通警察执法的身影。如果没有这些行之有效的管理措施，交通秩序的混乱程度将难以想象。同样，对于大量在空中飞行的无人机来说，如

合理的航路规划和高效的避障措施，让无人机有序飞行。

果没有相应的管理措施及技术支撑，也会出现许多风险挑战。

首先，无人机的撞击风险会大大升高。无人机在空中飞行时，如果没有合理的航路规划和高效的避障措施，就有可能与有人机、空中障碍物或其他无人机等发生碰撞。这些碰撞可能会造成无人机和有人机的损伤、坠毁或财物损失，甚至还可能导致人员伤亡等。

其次，无人机有可能被用于恐怖袭击等犯罪活动。无人机具有很多应用功能，极有可能被恐怖分子或其他不法人员利用，造成重大社会危害。2023 年 6 月 27 日，曾有多架无人机在夜间闯入柬埔寨的领空，所幸柬埔寨国防部出动先进武器，把所有无人机全部击落，没有造成人员安全危险和财产损失。

再次，无人机有可能造成战场误伤或其他意外事件。随着无人机作战应用的不断增多，战场上的无人机自主发起袭击的情况或将可能时有发生。有时还会出现因为无人机识别判断有误而导致的误击事件。美国在阿富汗战争中曾经多次发生无人机误击平民的情况，给阿富汗人民带来很大的伤害。无人机飞行操作手有时也会由于技术水平不高或疏忽，致使无人机损伤或坠机。

此外，无人机还可能引发伦理道德、环境保护等方面的社会问题。无人机航拍时有可能侵犯个人生活隐私，甚至可能被

美国无人机误击平民儿童
引发本国民众抗议

人用于偷窥或跟踪等违法行为。在环境保护方面，无人机在空中飞行可能会排放废气、产生噪音，还有可能破坏飞鸟和昆虫的生存环境等。

总体来看，无人机应用的大规模发展，必将对无人机飞行和空域管控提出严峻的挑战。为了促进无人机产业的兴起，维护良好的生态环境，努力推进和谐社会建设，应该像对汽车运行管理一样，科学合理地制定系列法规制度，运用技术手段对无人机飞行和空域使用实施高效的管控。

天空将繁忙而有序

中国的《无人驾驶航空器飞行管理暂行条例》于 2023 年 6 月 8 日发布，2024 年 1 月 1 日执行。这一条例明确规定了无人机飞行等相关活动的管理办法。世界许多国家也发布了系列类似的无人机管理法规。总体来看，对无人机进行管控主要包括五个方面：

第一，应明确规定哪种无人机可以进入空中飞行。对于不同类型的无人机，人们可以实施分类管理，并制定各种详细的法规制度，在无人机生产或销售时给予明确的认证。就像每个公民都有身份证一样，每一类无人机都应有唯一的身份识别码，并有其相适应的飞行管控法规制度。

第二，应在无人机实施分类管理的基础上，给具有撞击安全风险的无人机安装无人机飞行自动交通告警和防撞系统，这样无人机在空中飞行时就能够自动感知碰撞威胁并自动规避。

第三，应建立完善的无人机监控网络系统。对于具有撞击

2024 年 1 月，深圳首个 "5G+ 无人机血液运输智能空港平台" 正式启用。

安全风险的无人机，应通过航路航线规划申请、飞行位置状态自报告以及雷达探测技术，构建一套空中飞行器探测规避监控网络系统，实现对空中飞行器的可探测、可规避、可控制。这样在空中飞行的无人机就可以始终处于监控状态下，确保飞行的安全。

第四，应将无人机飞行空域管理融入国家空域统筹管理，实行空域分区分层管理。根据民航飞机、军用飞机和无人机等多种航空器的飞行需求，遵守保护国家和社会安全要求，可将国家空域划分为自由飞行区、控制飞行区、禁止飞行区等，制定完善的无人机安全飞行法规制度，确保无人机既能在空中飞行管理上做到有法可依，又能够充分利用国家空域资源，满足社会日益增长的无人机飞行需求。

　　第五，应大力发展无人机安全飞行与空域管理技术。通过攻克无人机领域的网络化、数字化、智能化、服务化应用难题，使空域管理更高效、精准。同时，无人机也将具备更高的

网络化、数字化、智能化和服务化技术性能，可以像鸟儿一样在空中自由和谐而有序地飞翔。

除了以上管理措施之外，无人机产业发展还面临许多其他方面的挑战：在技术开发上，既有飞行动力、平台防撞、自主

飞行、智能控制、可靠性等问题，也有低空网络构造、空间数字化建设等问题；在飞行管理上，既有空域开放带来的安全防控问题，也有空中交通秩序管理问题；在环境保护上，既有降低噪声的刚性需求，也有保护鸟类和昆虫生态的现实需要。这些问题的解决和困难的克服，需要国家多个职能部门、企业界和市场的共同努力，相信其中也将有你的一份力量和付出。

无人机自诞生以来，已经创造了许多奇迹。随着无人机技术突飞猛进的发展和空域管控措施的不断优化完善，无人机产业发展面临的困境将会逐步得到化解，无人机将走进千家万户，成为大众日常生产生活的一部分。天空将会变得更加忙碌而有序。家家都有机器人、人人都有无人机的时代即将到来。

让我们携手共进，迎接无人机时代的到来！